Silhouetten Laubbäume

Stieleiche

Traubeneiche

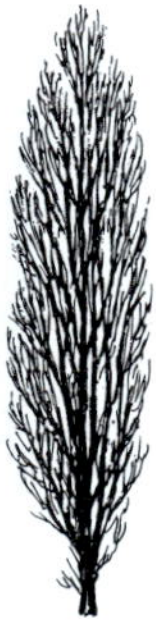

Pyramidenpappel

Moorbirke

Hängebirke

Platane

Esche

Gregor Aas
Andreas Riedmiller

GU Naturführer Bäume

Laub- und Nadelbäume Europas erkennen und bestimmen

Mitarbeit:
Prof. Dr. Peter Schütt

Einstecken - Natur entdecken

Der **GU Naturführer Bäume** ist für Naturfreunde und Gartenbesitzer maßgeschneidert: Sein handliches Einsteck-Format, der strapazierfähige Einband und nur 300 Gramm Gewicht machen ihn zum idealen Bestimmungsbuch für unterwegs und zu Hause. Abgebildet und beschrieben sind nahezu alle in Mitteleuropa heimischen Baumarten, wichtige fremdländische Baumarten sowie eine Auswahl häufiger Bäume Südeuropas und des Mittelmeergebietes.
800 faszinierend schöne Naturfarbfotos, speziell für dieses Buch aufgenommen, zeigen die Bäume in Gesamtansicht und in wichtigen Details wie Nadeln, Blätter, Blüten und Rinden. Der übersichtlich gegliederte Text beschreibt knapp und präzise in Form eines Steckbriefes die wesentlichen Erkennungsmerkmale. Dazu kommen Angaben zur Verbreitung und zum Standort der Bäume sowie Hinweise auf etwaige Besonderheiten.
Um auch botanisch Unerfahrenen das Bäumebestimmen so leicht wie möglich zu machen, wurde mit dem **GU Kennfarben-Code** ein Bestimmungssystem gewählt, das ebenso einfach wie sinnvoll ist: Die vorgestellten Baumarten sind in sechs Gruppen zusammengefaßt, jede Baumgruppe (Übersicht auf gegenüberliegender Seite) hat ihre eigene Kennfarbe und ihr eigenes Symbol; Farbfotos und Beschreibungstexte stehen in entsprechenden Farbfonds. **Signalfarbene Griffmarken** - außen am Buch deutlich sichtbar - erleichtern das Auffinden der verschiedenen Baumgruppen. **Rindenfarbfotos und gezeichnete Baum-Silhouetten** sind wichtige Bestimmungshilfen im Winter.
Im Anhang des Buches findet der Leser eine **kleine Baumkunde** mit Erläuterungen botanischer Begriffe, **Wissenswertes über Baumkrankheiten** und ein ausführliches **Artenregister** mit den lateinischen und deutschen Namen.
Autoren und Verlag danken Herrn Professor Peter Schütt für die Durchsicht der Texte und die Mitarbeit bei der Zusammenstellung des Buches, Herrn Heinz Bogner für die eindrucksvollen Baum-Silhouetten und botanischen Zeichnungen.

Die Baumgruppen, ihre Kennfarben und Symbole

Kenn-farbe	Sym-bol	Baumgruppe	Seite
		Unter der blauen Kennfarbe finden Sie Nadelbäume mit einzeln am Zweig stehenden Nadeln.	8–41
		Unter der braunen Kennfarbe finden Sie Nadelbäume, deren Nadeln gebüschelt an Kurztrieben stehen; diese Büschel bestehen aus 2, 3, 5 oder vielen Nadeln.	42–67
		Unter der roten Kennfarbe finden Sie Nadelbäume mit schuppenförmigen Blättern.	68–77
		Unter der gelben Kennfarbe finden Sie Laubbäume mit Fiederblättern, d. h. die Blattspreite besteht aus mehreren, voneinander getrennten Blättchen, die einer gemeinsamen Blattspindel entspringen.	78–105
		Unter der dunkelgrünen Kennfarbe finden Sie Laubbäume mit einfachen, ungeteilten Blättern, d. h. die Blattspreite besteht aus einem Teil, kann aber durchaus gelappt oder eingeschnitten sein; die Blätter sind gegenständig, immer 2 Blätter stehen sich an einem Knoten der Triebachse gegenüber.	106–127
		Unter der hellgrünen Kennfarbe finden Sie Laubbäume, mit einfachen, ungeteilten Blättern, d. h. die Blattspreite besteht aus einem Teil, kann aber durchaus gelappt oder eingeschnitten sein; die Blätter sind wechselständig, an einem Knoten der Triebachse entspringt immer nur ein Blatt.	128–239

Ausnahmen

Der Ginkgo (Seite 128) ist kein Laubbaum; wegen seiner wechselständigen, laubblattähnlichen Blätter steht er dennoch in der Gruppe der Laubbäume mit einfachen, wechselständigen Blättern (hellgrüne Kennfarbe). Der Faulbaum (Seite 118) hat wechselständige Blätter; er ist als Ähnliche Art beim Kreuzdorn beschrieben, der in der Gruppe der gegenständig beblätterten Laubbäume (dunkelgrüne Kennfarbe) steht.

Die Systematik innerhalb der Farbgruppen

Innerhalb jeder Farbgruppe sind die Baumarten mit wenigen Ausnahmen gemäß ihrer Zugehörigkeit zu höheren systematischen Einheiten (Gattung, Familie) geordnet.

So gehen Sie beim Bestimmen vor

Ordnen Sie den Baum, den Sie bestimmen wollen, einer der 6 Baumgruppen (Kennfarben) zu. Mit Hilfe der Farbfotos und der im Steckbrief beschriebenen Merkmale können Sie dort diesen Baum finden. Ziehen Sie möglichst viele Merkmale zur Bestimmung heran. Die typische Größe und Form von Blättern erkennen Sie am besten, wenn Sie mehrere Blätter eines oder einiger Seitenzweige des zu bestimmenden Baumes betrachten. Blätter von Stockausschlägen, kräftigen Schößlingen und Wasserreisern sind dagegen oft untypisch.

Die Auswahl der Baumarten

Im GU-Naturführer »Bäume« sind nahezu alle in Mitteleuropa einheimischen Baumarten und zahlreiche gelegentlich baumförmig wachsende Sträucher vorgestellt. Daneben findet der Leser die wichtigsten Park- und Gartenbäume, forstlich bedeutsame fremdländische Baumarten, sowie eine Auswahl häufiger Bäume Südeuropas und des Mittelmeergebietes.

Erläuterungen der Steckbrieftexte

Bäume sind Individuen, deren Merkmale an einer Pflanze, wie auch zwischen verschiedenen Pflanzen einer Art variieren. Die **Farbfotos** geben immer nur die Merkmale eines oder weniger Individuen einer Art wieder; Abweichungen zwischen dem gefundenen Baum und den Abbildungen sind somit möglich. In den **Steckbriefen** der vorgestellten Baumarten finden Sie wichtige Angaben, die Ihnen zusammen mit den Farbfotos das Erkennen eines Baumes ermöglichen sollen.

Unter dem **deutschen Namen** (in einigen Fällen daneben auch gebräuchliche Zweitnamen) steht der **lateinische,** in Klammern der Name der Pflanzenfamilie.

Das charakteristische Erscheinungsbild ist unter dem Stichwort **Gestalt** beschrieben. Angegeben ist, ob es sich um einen Laub- oder Nadelbaum handelt, wie hoch er werden kann (günstige Wuchsbedingungen vorausgesetzt) und wie Krone und Stamm im Normalfall ausgeformt sind. All diese Eigenschaften unterliegen in Abhängigkeit von Umweltbedingungen beträchtlichen Schwankungen. Merkmale der **Triebe** und **Knospen** sind nur erwähnt, falls sie für die exakte Bestimmung erforderlich sind. Wichtige Erkennungsmerkmale liefern stets die **Nadeln** und **Blätter;** dazu zählen ihre Stellung an der Triebachse, die Form von Umriß, Blattrand, Blattspitze und Blattbasis, die Blattfarbe, Behaarung und der Blattstiel. Zu beachten ist, daß Größenangaben Durchschnitts- oder Mittelwerte sind (gelegentlich sind in Klammern Extremwerte angegeben) und somit Abweichungen in manchen Fällen auftreten können.

Auch Art, Anordnung, Aufbau, Form, Farbe und Größe der **Blüten** und **Früchte,** wenn vorhanden, sind bei der Bestimmung von Bedeutung.

Ganzjährig sichtbar ist die **Rinde** des Baumes; in vielen Fällen unterscheidet sich die zuerst gebildete, meist glatte Rinde deutlich von der späteren Borke.

Unter **Verbreitung** ist das natürliche Vorkommen (Areal) einer Baumart angegeben. Für Baumarten, die in Mitteleuropa zwar nicht einheimisch sind, aber angebaut werden, ist dies eigens vermerkt. Wissenswertes über die Ökologie einer Baumart erfährt der Leser unter dem Stichwort **Standort,** so zum Beispiel wo diese häufig auftritt, welche Böden von ihr bevorzugt be-

siedelt werden, ob es sich um eine Schatt- oder Lichtbaumart handelt und wie stark sie durch Fröste und Dürre gefährdet ist. Unter dem Stichwort **Ähnliche Arten** sind ähnliche Baumarten entweder kurz beschrieben oder es wird auf eigens abgehandelte an anderer Stelle im Buch verwiesen. Sie sollten bei der Bestimmung in jedem Fall berücksichtigt werden, um Verwechslungen zu vermeiden.
Der **Hinweis** schließlich informiert den Leser über Besonderheiten einer Baumart, die sich nicht eindeutig den Stichworten innerhalb des Steckbriefs zuordnen lassen.

Weitere Bestimmungshilfen

In kurzer und leicht verständlicher Form vermittelt die **Kleine Baumkunde** (Seite 240) botanisches Grundwissen und erläutert die in den Steckbriefen verwendeten Begriffe. Botanische Zeichnungen ergänzen die Erklärungen. Ein **Arten-Register** (Seite 252) macht das Auffinden der Baumarten leicht; es enthält alle deutschen (auch gebräuchliche Zweitnamen) und lateinischen Artbezeichnungen. Als zusätzliche Hilfe sind alle Baumarten, die einem gemeinsamen, deutschen Oberbegriff (meist der Gattungsname) zugeordnet werden können, im Register auch unter diesem aufgeführt. Es kann zum Beispiel vorkommen, daß man einen Baum wohl als Eiche (Oberbegriff) erkennt, den zutreffenden Artnamen jedoch nicht weiß (z. B. Stieleiche). Unter »Eiche« findet deshalb der Leser im Register alle behandelten Eichenarten und kann so rasch überprüfen, um welche Eichenart es sich beim zu bestimmenden Baum handelt.

Verwendete Abkürzungen und Symbole

ssp. = subspezies (Unterart)
♂ = männlich
♀ = weiblich
I–XII = Januar–Dezember
x = Hybrid, Bastard (vor lateinischen Artnamen).

Die Autoren:

Gregor Aas, Dipl.-Forstwirt. Mitarbeiter am Lehrstuhl für Forstbotanik der Universität München.

Andreas Riedmiller, gelernter Gärtner. Fotograf, Spezialgebiet Naturfotografie.

Wissenschaftliche Beratung:

Professor Dr. Peter Schütt, Leiter des Lehrstuhls für Forstbotanik der Universität München.

Weißtanne

Abies alba Mill.
(Kieferngewächse)

Gestalt: Bis 50 m hoher, kerzengerader Nadelbaum; Krone anfangs spitz kegelförmig, später säulig mit abgeflachtem Wipfel (Storchennestkrone). Triebe: Graubraun be-

Die Nadeln der Weißtanne werden bis zu 12 Jahre alt.

haart. Knospen: Eiförmig, nicht harzend. Nadeln: Sitzen mit scheibenförmiger Basis am Zweig. Stellung an gut belichteten Trieben radial, an beschatteten gescheitelt. 1,5–3,5 cm lang, flach, vorne rund oder gekerbt; oberseits glänzend dunkelgrün, unterseits 2 weiße

Trieboberseite (links); Triebunterseite (rechts).

Längsstreifen. Nadelalter 8–12 Jahre. Blüten (V): Einhäusig verteilt. An vorjährigen Trieben im oberen Kronenbereich. ♂ zweigunterseits gehäuft, 2–3 cm lang, walzenförmig, gelblich. ♀ in aufrechten, 2–6 cm langen Zäpfchen, hellgrün. Zapfen (X): Nur im Wipfelbereich, aufrecht; 10–15 cm lang, hellbraun. Deckschuppen sichtbar. Nach der Reife zerfällt

Die ♂ Blüten (links) finden sich gehäuft an der Triebunterseite; die größeren ♀ Blütenzäpfchen (rechts) stehen aufrecht an der Zweigoberseite.

der Zapfen am Baum, nur die Zapfenspindel bleibt zurück (typisch für Tannen). Rinde: Silbergraue, feinrissige Schuppenborke (Foto Seite 246). Verbreitung: Gebirge Mittel- und Südeuropas. Standort: Mittlere und obere Bergwaldstufe

Tannenzapfen (l) zerfallen zur Reife am Baum; zurück bleibt die Zapfenspindel (r).

(Alpen bis 1600 m); häufig mit Buche und Fichte. Auf allen Gesteinen, bevorzugt Lagen höherer Luft- und Bodenfeuchte. Spätfrostempfindlich, extreme Schattbaumart, Tiefwurzler. Ähnliche Arten: Große Küstentanne (Seite 12), Nordmannstanne (Seite 10). Hinweis: Der Bestand der Weißtanne ist bei uns gefährdet. Dafür sind verantwortlich: überhöhte Schalenwildbestände, ungeeignete Verfahren der Waldverjüngung und das Tannensterben.

Solitär stehende Weißtanne. ▷

Nordmannstanne

Abies nordmanniana Spach
(Kieferngewächse)

Gestalt: In der Heimat bis 60 m, in Mitteleuropa bis 30 m hoher Nadelbaum. Triebe: Anfangs behaart, später kahl. Oft zusätzliche, vierte endständige Knospe, aus der sich

Zweig der Nordmannstanne.

ein spitzwinklig nach unten gerichteter Seitenzweig entwickelt. Knospen: Eiförmig, nicht harzend. Nadeln: Stehen dicht, zweigoberseits radial, die oberen nach vorne

Trieboberseits sind die Nadeln der Nordmannstanne nach vorne gerichtet.

gerichtet; unterseits vor allem bei Schattenzweigen gescheitelt. 2–3,5 cm lang, flach, vorne rund oder gekerbt; oberseits stark glänzend dunkelgrün, unterseits 2 weiße Längsstreifen. Zapfen (IX, X): Aufrecht; 12–20 cm lang, braun; harzend. Deckschuppen sichtbar. Rinde: Foto Seite 246. Verbreitung: Westkaukasus, Nordanatolien. In Mitteleuropa in Parks. Standort: Gebirge (900–2000 m). Ähnliche Bodenansprüche wie Weißtanne; frosthart; beliebter

Nordmannstanne: ♂ Blüten (l); reifender Zapfen mit den hervorragenden Deckschuppen (r)

Weihnachtsbaum. Ähnliche Art: Weißtanne (Seite 8).

Koreanische Tanne

Abies koreana Wils.
(Kieferngewächse)

Gestalt: Kleiner, bis 15 m hoher, trägwüchsiger Nadelbaum. Triebe: Anfangs schwach behaart, später kahl; leicht gefurcht. Knospen: Rundlich, schwach harzend. Nadeln: Stehen dicht radial um den Trieb. Nur 1–2 cm lang, zur runden oder gekerbten Spitze hin meist etwas verbreitert; oberseits glänzend dunkelgrün, unterseits

Die kurzen Nadeln der Koreanischen Tanne stehen rings um die Triebachse.

kreideweiß. Zapfen (X, XI): Bereits an jungen Bäumen, aufrecht; 4–7 cm lang; unreif blauviolett, reif braun; harzend. Deckschuppen sichtbar. Verbreitung: Gebirge Südkoreas. In Mitteleuropa häufig in Gärten. Standort: Frosthart, bei genügend Feuchtigkeit standorttolerant.

Nordmannstanne. ▷

Große Küstentanne

Abies grandis Lindl.
(Kieferngewächse)

Gestalt: In der Heimat bis 85 m (größte aller Tannen), in Mitteleuropa bis 40 m hoher Nadelbaum.

Zweig der Großen Küstentanne.

Triebe: Fein behaart. Knospen: Eiförmig, schwach harzend. Nadeln: Stehen kammartig gescheitelt. 2–5 cm lang, zweigoberseits stets kürzer als unterseits; oberseits glänzend dunkelgrün, unterseits 2 weiße Längsstreifen. Zapfen (IX,

Die Nadeln der Großen Küstentanne stehen sowohl trieboberseits (l), wie triebunterseits (r) streng gescheitelt.

X): Aufrecht; 5–10 cm lang, braun. Deckschuppen nicht sichtbar. Rinde: Graubraun mit Harzbeulen; Borke rissig (Foto Seite 246). Verbreitung: Nordwestliches Nordamerika. In Mitteleuropa in Parks, gelegentlich forstlich angebaut. Standort: Gedeiht bei ausreichend Feuchtigkeit auch auf ärmeren Böden; frosthart, Halbschattbaumart, Tiefwurzler. Ähnliche Art: Weißtanne (Seite 8).

Veitchstanne

Abies veitchii Lindl.
(Kieferngewächse)

Gestalt: Bis 25 m hoher Nadelbaum. Triebe: Dicht kurzbehaart oder kahl. Knospen: Rundlich, harzend. Nadeln: Stehen zweigoberseits radial, unterseits gescheitelt, zeigen zur Triebspitze hin.

Veitchstanne: Nadeln oberseits glänzend dunkelgrün (l), unterseits kreideweiß (r).

1–3 cm lang, weich, vorne abgestutzt und gekerbt; oberseits längsgefurcht, glänzend grün, unterseits 2 grell kalkweiße Längsstreifen.

Veitchstanne: Nadeloberseite gefurcht, Spitze eingekerbt.

Zapfen (IX, X): Bereits an jungen Bäumen, aufrecht; 6–8 cm lang; braun. Nur Spitzen der Deckschuppen sichtbar. Rinde: Grau, lange glatt; kreisförmige Falten um die Ansatzstellen der Äste. Verbreitung: Japan (Insel Hondo). In Mitteleuropa in Parks. Standort: Niederschlagsreiche Gebirgslagen (1300–2500 m); dürregefährdet, frosthart; nicht auf kalkreichen Böden, ansonsten standorttolerant.

Große Küstentanne. ▷

Edeltanne

Abies procera Rehd.
(Kieferngewächse)

Gestalt: In der Heimat bis 70 m, in Europa bis 50 m hoher Nadelbaum; Krone anfangs kegelförmig, später breit säulig mit abgeflachtem Wipfel. Triebe: Fein behaart. Knospen: Kugelig, klein, schwach harzend. Nadeln: Stehen zweigoberseits dicht radial; unter-

Edeltanne: Zweig mit dichter, graugrüner Benadelung und roten ♂ Blüten.

seits gescheitelt. 2–3,5 cm lang, die untersten 2–5 mm eng am Zweig anliegend, dann annähernd rechtwinklig nach außen oder oben gebogen; vorne rund; beidseitig graugrün. Zapfen (IX, X): Auf-

Edeltanne: Triebunterseite mit typischer Nadelkrümmung nahe der Triebachse (l); Zapfen mit weit herausragenden Deckschuppen (r).

recht; sehr groß (15–25 cm); braun. Deckschuppen weit hervorragend. Rinde: Graue oder braune, rissige Borke. Verbreitung: Westliches Nordamerika. In Mitteleuropa in Parks. Standort: Regenreiche Gebirgslagen (800–1800 m), oft auf Urgestein. Benötigt ausreichend Feuchtigkeit; winterhart, etwas spätfrostgefährdet.

Koloradotanne

Silbertanne
Abies concolor Lindl.
(Kieferngewächse)

Gestalt: Bis 40 m hoher Nadelbaum mit kegelförmiger Krone. Triebe: Kahl. Knospen: Kugelig

Die Nadeln der Koloradotanne sind säbelförmig nach oben gekrümmt.

bis eiförmig, klein, harzend. Nadeln: Lockerstehend; zweigoberseits säbelförmig aufgerichtet, unterseits gescheitelt. Sehr lang (4–7 cm), weich, vorne rund; beidseitig graugrün. Zapfen (IX, X):

Koloradotanne: Trieb mit weichen, graugrünen Nadeln (l); Knospen (r).

Aufrecht; 7–13 cm lang. Deckschuppen nicht sichtbar. Rinde: Grau, anfangs glatt mit Harzbeulen; später rissig (Foto Seite 246). Verbreitung: Zentrales Nordamerika. In Mitteleuropa Zierbaum. Standort: Gebirge (1800–3600 m); winterhart; standorttolerant, gedeiht auch auf trockenen Böden.

Im Wipfelbereich dieser Edeltanne sind die stattlichen, aufrechten Zapfen gut erkennbar. ▷

Griechische Tanne

Abies cephalonica Loud.
(Kieferngewächse)

Gestalt: Bis 35 m hoher Nadelbaum. Triebe: Kahl. Knospen: Eiförmig, harzend. Nadeln: Stehen bürstenartig radial um den Trieb,

Griechische Tanne: starr bürstenförmig benadelter Zweig.

mitunter auch mehr oder weniger gescheitelt; 1,5–3 cm lang, zur Basis hin verdreht; starr, Spitze stechend, selten stumpf; oberseits glänzend dunkelgrün, schwach längsgefurcht, zur Spitze hin mit unregelmäßigen weißen Streifen; unterseits grauweiße Längsstrei-

Griechische Tanne: Trieb (l), harzende Zapfen (r).

fen. Zapfen (IX, X): Aufrecht; 12–17 cm lang, braun, harzend. Deckschuppen sichtbar. Rinde: Grau, glatt; später rissig. Verbreitung: Griechenland. In Mitteleuropa in Parks. Standort: Gebirge (800–1600 m), oft auf Kalk; nur in geschützten Lagen winterhart, sehr spätfrostgefährdet.

Spanische Tanne

Abies pinsapo Boiss.
(Kieferngewächse)

Gestalt: Trägwüchsiger, bis 25 m hoher Nadelbaum; bei uns infolge Frostschäden meist verbuscht. Triebe: Kahl. Knospen: Eiförmig, harzend. Nadeln: Stehen immer – auch an Schattenzweigen – dicht bürstenartig radial um den Trieb.

Zweig der Spanischen Tanne mit starren, graugrünen Nadeln und ♂ Blüten.

1–2 cm lang, zur Basis hin nicht verdreht; starr, vorne zugespitzt, aber kaum stechend; Oberseite nicht gefurcht; dunkel- oder graugrün. Zapfen (IX, X): Aufrecht; 10–15 cm lang, braun. Deckschuppen nicht sichtbar. Rinde:

Spanische Tanne: Trieb (l); ♂ Blüten (r).

Zunächst grau, glatt; später dunkle Schuppenborke. Verbreitung: Südspanien. Die Naturvorkommen sind bis auf kleine, geschützte Reste (Sierra de las Nievas) weitgehend zerstört. In Mitteleuropa in Parks. Standort: Gebirge (1000–2000 m); Kalkböden, dürreunempfindlich; sehr frostgefährdet.

Griechische Tanne. ▷

Douglasie

Pseudotsuga menziesii Franco
(Kieferngewächse)

Gestalt: In der Heimat bis 100 m, in Europa bis 50 m hoher, sehr raschwüchsiger Nadelbaum; Krone anfangs kegelförmig, später abgeflacht, durch waagerecht abstehende, starke Äste breit und unregelmäßig. Knospen: Spitz kegelförmig, bis 1 cm lang, braun. Nadeln: Stehen radial oder gescheitelt, die stielartig verschmälerte

Zweig.

Nadelbasis sitzt einem leicht erhobenen, schiefen Polster des Zweiges auf. 2–3,5 cm lang, flach, weich, vorne rund oder zugespitzt; oberseits grün, unterseits 2 weiße Längsstreifen. Blüten (IV, V): Einhäusig verteilt. ♂ einzeln, zweigunterseits, walzenförmig, gelb. ♀ in aufrechten Zäpfchen, 2–6 cm lang, grün oder rot. Zapfen (IX,

Trieboberseite (l), Triebunterseite (r).

X): Hängend; 5–10 cm lang; hellbraun. Als Ganzes abfallend. Die dreizackigen Spitzen der Deckschuppen gut sichtbar. Rinde: Anfangs grau, dünn, glatt, mit Harzbeulen; später rot- bis graubraune, tief gefurchte, dicke, weiche Borke (Foto Seite 246). Verbreitung: Pazifisches Nordamerika. In Mitteleuropa in Parks, forstlich die wichtigste fremdländische Baumart. Standort: Bestes Wachstum auf tiefgründigen, mäßig sauren, frischen, sandigen Lehmböden; Kalkstandorte ungünstig. Spätfrostgefährdete Halbschattbaumart.

♂ Blüten.

Erkennungsmerkmale der Douglasie: spindelförmige Knospen (l), Zapfen mit herausragenden Deckschuppen.

Hinweis: Bei der Douglasie lassen sich aufgrund des riesigen, klimatisch sehr verschiedenartigen Areals 2 Klimarassen unterscheiden: Die Grüne oder Küstendouglasie *(var. menziesii)* besiedelt die niederschlagsreiche Küstenregion, ist sehr wüchsig, für West- und Mitteleuropa besser geeignet. Die Gebirgs- oder Inlanddouglasie *(var. glauca)* besiedelt küstenferne Gebirge, ist weniger wüchsig, die Nadeln sind kürzer, bläulichgrün, Zapfen 5–6 cm.

Alte Douglasie mit stark zerzauster Krone. ▷

Kanadische Hemlocktanne

Tsuga canadensis Carr.
(Kieferngewächse)

Gestalt: In der Heimat bis 50 m, in Europa bis 20 m hoher Nadelbaum mit breit kegelförmiger Krone; Spitzen der waagerecht abstehenden Äste wie Wipfel bogig überhängend. Nadeln: Stehen mit kurzen Stielchen undeutlich gescheitelt am Zweig; zweigoberseits oft kleine Nadeln, die der Triebachse verdreht anliegen, so daß die helle Unterseite nach oben zeigt.

Zweig der Kanadischen Hemlocktanne.

8–18 mm lang, flach, von der Basis zur abgerundeten Spitze etwas schmäler werdend; oberseits dunkelgrün, unterseits entlang der beiden weißen Streifen deutlicher grüner Rand. Blüten (V): Einhäusig verteilt. ♂ kugelig, klein (3–4 mm), gelbgrün. ♀ in aufrechten, kleinen (5–7 mm) Zäpfchen,

Kanadische Hemlocktanne: Unterseite der gestielten Nadeln (l); ♂ Blüten vor dem Stäuben (r).

hellgrün. Zapfen (IX, X): Meist zahlreich; hängend; kurzgestielt; klein (1,5–2 cm lang), eiförmig,

Kleine, kurzgestielte Zapfen der Kanadischen Hemlocktanne.

braun. Erst längere Zeit nach dem Samenfall als Ganzes abfallend. Rinde: Graubraune, hell gefurchte Borke (Foto Seite 246). Verbreitung: Nordöstliches Nordamerika. In Mitteleuropa Zierbaum. Standort: Schattige, feuchte Lagen (600 bis 1600 m); meist auf sauren Böden; winterhart, empfindlich gegen Trockenheit; Flachwurzler, extreme Schattbaumart. Ähnliche Art: Westliche Hemlocktanne.

Westliche Hemlocktanne

Tsuga heterophylla Sarg.
(Kieferngewächse)

Unterschiede zur Kanadischen Hemlocktanne: Gestalt: Höhe in der Heimat bis 80 m, in Europa bis 40 m; Krone anfangs kegelförmig, später unregelmäßig breit. Nadeln: An Basis und Spitze etwa gleich breit; unterseits entlang der beiden hellen Streifen nur schmaler, undeutlicher grüner Rand. Zapfen: Ungestielt; 2–2,5 cm lang. Rinde: Foto Seite 246. Verbreitung: Nordwestliches Nordamerika. In Mitteleuropa seltener als die Kanadische Hemlocktanne; forstlich versuchsweise angebaut. Standort: Bevorzugt in küstennahen, boden- und luftfeuchten Lagen. Ähnliche Art: Kanadische Hemlocktanne.

Kanadische Hemlocktanne. ▷

Gemeine Fichte

Rotfichte
Picea abies Karst.
(Kieferngewächse)

Gestalt: Bis 50 m hoher, kerzengerader Nadelbaum; Krone gleichmäßig spitz kegelförmig, Äste quirlständig. Triebe: Kahl oder spärlich behaart. Nadeln: Sitzen auf kleinen, braunen, stielartig verlängerten Nadelkissen des Zweiges (Kennzeichen aller Fichten).

Zweig mit Zapfen.

Stellung radial, nur an Schattenzweigen unterseits gescheitelt. 1–2,5 cm lang, vierkantig, steif und spitz; allseitig dunkelgrün. Nadelalter 5–7 Jahre. Blüten (IV, V): Einhäusig verteilt. ♂ über die ganze Krone verteilt, 1,5–3 cm lang, walzenförmig, erst rot, dann gelb.

Trieboberseite (l), Triebunterseite (r). Fichtennadeln sitzen auf einem stielartig verlängerten Nadelkissen.

♀ Zäpfchen nur im Wipfelbereich, aufrecht, 2–5 cm lang, rötlich. Zapfen (IX, X): Hängend; 10–16 cm lang, braun. Deckschuppen nicht sichtbar. Als Ganzes abfallend. Rinde: Graue oder rot-

Die ♂ Blüten (l) sind deutlich kleiner als die aufrechten ♀ Blütenzäpfchen (r).

braune, dünnschuppige Borke (Foto Seite 246). Verbreitung: Große Teile des euroasiatischen Raums. Standort: In Mitteleuropa von Natur aus waldbildend in kühlfeuchten Berglagen über 800 m Höhe (montane und subalpine Stufe; in den Alpen bis etwa 2000 m). Außerhalb dieser Gebiete durch die Forstwirtschaft weit verbreitet. Nährstoff- und Wärmeansprüche gering, ausreichende Wasserversorgung wichtig, da flach wurzelnd. Bevorzugt auf frischen bis feuchten, tiefgründigen, lockeren Lehmböden. Halbschattbaumart. Ähnliche Arten: Kaukasusfichte (Seite 24), Sitkafichte (Seite 24).

Hinweis: Seit einigen Jahren treten bei der Fichte, dem wichtigsten Baum der mitteleuropäischen Forstwirtschaft – verursacht durch Luftverschmutzung – Absterbeerscheinungen auf (Fichtensterben; wichtigstes Symptom: Nadelverlust). Viele Fragen des Krankheitsgeschehens sind noch ungeklärt.

Als Anpassung an schwere Schneelasten sind Hochgebirgsfichten meist schmalkronig (unten und oben rechts); Fichten tieferer Lagen haben dagegen breit kegelförmige Kronen (oben links). ▷

Kaukasusfichte

Picea orientalis Link
(Kieferngewächse)

Gestalt: Bis 50 m hoher Nadelbaum mit spitz kegelförmiger Krone. Triebe: Fein behaart. Nadeln: Stehen dicht, zweigoberseits radial, unterseits mehr oder weniger gescheitelt. Nur 5–10 mm lang (die Fichte mit den kürzesten Nadeln!), deutlich vierkantig, steif, stumpf;

Kaukasusfichte: Zweig mit ♂ Blüten. Das zarte Grün der eben erscheinenden Maitriebe hebt sich vom kräftigen Dunkelgrün der älteren Nadeln ab.

glänzend dunkelgrün. Zapfen (IX, X): Hängend; 5–9 cm lang; unreif violett, reif braun; harzend. Rinde: Dünne, braune Schuppenborke.

Kaukasusfichte: Triebe (Ober- und Unterseite) mit kurzen, kräftigen Nadeln (l); unreife, harzende Zapfen (r).

Verbreitung: Nördliches Kleinasien, Kaukasus. In Mitteleuropa in Parks. Standort: Gebirge (800–2000 m). Frostempfindlicher, aber dürreresistenter als die Gemeine Fichte. Ähnliche Art: Gemeine Fichte (Seite 22).

Sitkafichte

Picea sitchensis Carr.
(Kieferngewächse)

Gestalt: In der Heimat bis 90 m, in Europa bis 50 m hoher, raschwüchsiger Nadelbaum mit kegel-

Wipfelbereich einer Sitkafichte.

förmiger Krone. Triebe: Meist kahl. Nadeln: Stehen zweigoberseits radial, unterseits gescheitelt. 1,5–2,5 cm lang, flach, schlank, steif und scharf stechend; oberseits glänzendgrün, unterseits sil-

Sitkafichte: Nadeloberseite glänzend dunkelgrün (l), Nadelunterseite silbergrau (r). Nadelspitze stets stechend spitzig.

bergrau. Zapfen (VIII, IX): Hängend; kurzgestielt; 5–10 cm lang; hellbraun. Rinde: Dünne, graue bis rotbraune Schuppenborke. Verbreitung: Westliches Nordamerika. In Europa in Parks, in Küstennähe auch forstlich angebaut. Standort: Tieflagen mit ausgeglichenem, regenreichem Klima, hoher Luftfeuchtigkeit. Geringe Nährstoffansprüche, gefährdet durch Frost und Dürre. Flachwurzler. Ähnliche Art: Gemeine Fichte (Seite 22), Stechfichte (Seite 28).

Kaukasusfichten. ▷

Omorikafichte

Serbische Fichte
Picea omorika Purk.
(Kieferngewächse)

Gestalt: Bis 35 m hoher, kerzengerader Nadelbaum; Krone dicht, schmal und spitz kegelförmig, im Alter mitunter fast säulenartig; im Freistand tief beastet, mit kurzen, zur Spitze hin bogig aufgerichteten Ästen. Triebe: Kurz und dichtdrüsig behaart. Nadeln: Sitzen auf kleinen, braunen, stielartig verlängerten Nadelkissen des Zweiges.

Wipfelbereich mit Zapfen.

Radial um den Zweig angeordnet, bei Schattenzweigen unterseits gelegentlich undeutlich gescheitelt. 1–2 cm lang, flach, steif, stumpf oder kurz zugespitzt; oberseits glänzend dunkelgrün, unterseits 2 weiße Längsstreifen. Nadelalter

Trieboberseite (l), Triebunterseite (r). Die Nadeln sind flach und haben unterseits zwei weiße Längsstreifen.

bis 10 Jahre. Blüten (V): Einhäusig verteilt. ♂ 1–2 cm lang, hellrot. ♀ in aufrechten, 1,5–2,5 cm langen, rötlichen Zäpfchen. Zapfen (IX, X): Hängend; 4–6,5 cm lang; un-

Heranreifende Zapfen (l), reifer, sich öffnender Zapfen (r).

reif dunkelviolett, reif braun; harzend. Deckschuppen nicht sichtbar. Als Ganzes abfallend. Rinde: Dünne, graubraune Borke, bei jungen Bäumen papierfein, im Alter plattenförmig geschuppt (Foto Seite 246). Verbreitung: Sehr kleines, etwa 60 Hektar großes Areal im jugoslawischen Tara-Gebirge. In Mitteleuropa in Parks und Gärten die am häufigsten angepflanzte Konifere. Standort: Mischwälder auf Kalkverwitterungsböden steiler, meist schattseitiger Hanglagen zwischen 800 und 1500 m Höhe. Anspruchslos, gedeiht auf nahezu allen Böden; unempfindlich gegen Nässe, Trockenheit und Frost. Halbschattbaumart, Flachwurzler. Hinweis: Die Omorikafichte wurde an ihrem natürlichen, sehr unwegsamen Standort erst 1877 entdeckt. Voreiszeitlich in weiten Teilen Europas heimisch, gelang es dieser Art nicht, nach Rückgang des Eises ihr ursprüngliches Areal wieder zu besiedeln.

Omorikafichten haben schmal kegelförmige Kronen. ▷

Stechfichte

Picea pungens Engelm.
(Kieferngewächse)

Gestalt: In der Heimat bis 40 m, in Mitteleuropa bis 25 m hoher, trägwüchsiger Nadelbaum; dichte, breit kegelförmige Krone; Äste und Zweige waagerecht in einer Ebene ausgebreitet. Triebe: Kahl. Nadeln: Stehen auf kleinen, stielartig verlängerten, braunen Nadelkissen radial um den Zweig.

Jüngere Stechfichte mit steifen, waagerecht abstehenden Ästen.

1,5–3 cm lang, meist leicht säbelförmig gebogen, vierkantig, sehr steif und stechend spitzig (Name!). Nadelalter 5–8 Jahre. Die Farbe variiert: neben dem mattgrünen Typ existieren blaugrün benadelte Formen *(P. pungens var. glauca)*.

Zweig; die blaugrün benadelten Formen dominieren bei uns.

Blüten (V): Einhäusig verteilt. ♂ 1–2 cm lang, gelb. ♀ nur im Wipfelbereich, in aufrechten, rötlichen Zäpfchen. Zapfen (IX, X): Hängend; ungestielt; 7–11 cm lang; hellbraun; harzend. Deckschuppen nicht sichtbar. Als Ganzes ab-

Die starren, spitzigen Nadeln sind meist säbelförmig gebogen ( ); Zapfen (r).

fallend. Rinde: Dicke, gefurchte und rauh geschuppte Borke. Verbreitung: Zentrales Nordamerika. In Mitteleuropa sehr häufig in Parks und Gärten. Standort: Mischbaumart im Gebirge (1800–3300 m), hauptsächlich an Fließgewässern. Ohne besondere Bodenansprüche, unempfindlich gegen Frost und Luftverunreinigungen. Braucht zur vollen Kronenentfaltung großen Standraum; Flachwurzler. Ähnliche Art: Sitkafichte (Seite 24).

Hinweis: Bei uns sind grün benadelte Formen der Stechfichte weitaus seltener als die dekorativen, bläulichen Varianten, die als 'Glauca'-Formen oder Blaufichte bezeichnet werden. Die vielgebrauchten Namen »Blau-« oder »Silbertanne« sind aus botanischer Sicht falsch, da es sich bei diesen gärtnerisch beliebten Ziergehölzen um Fichten handelt.

Im Freistand sind Stechfichten bis ins hohe Alter tief beastet. ▷

Mammutbaum

Sequoiadendron giganteum Buchh.
(Sumpfzypressengewächse)

Gestalt: In der Heimat bis 85 m, in Europa bis 50 m hoher Nadelbaum mit mächtigem Stamm;

Zweig eines Mammutbaums.

Krone kegelförmig. Nadeln: Pfriemförmig; spiralig angeordnet, dem Zweig mehr oder weniger angedrückt. 4–7 (12) mm lang, starr,

Mammutbaum: Trieb mit den pfriemförmigen Nadeln.

gleichmäßig zugespitzt; bläulichgrün. Blüten (IV, V): Einhäusig verteilt. ♂ klein, gelb. ♀ in 1 cm langen, grünen Zäpfchen. Zapfen: Eiförmig, 4–7 cm lang; erst grün, zur Samenreife im 2. Jahr rot-

Unreife, grüne Zapfen des Mammutbaums.

braun, verholzt. Rinde: Mächtige, rotbraune, gefurchte Borke, weich, faserig (Foto Seite 246). Verbreitung: Kalifornien. In Mitteleuropa in Parks. Standort: Gebirgslagen (1400–2000 m) mit schneereichen Wintern und trockenen Sommern; meist tiefgründige, nährstoffreiche, gut wasserversorgte Böden; bei uns nicht völlig winterhart. Hinweis: Die Mammutbäume in den kalifornischen Nationalparks Sequoia und Yosemite haben bei einem Alter von 2500–3000 Jahren bis zu 1600 m³ Holzmasse.

Japanische Sicheltanne

Cryptomeria japonica D. Don
(Sumpfzypressengewächse)

Gestalt: In der Heimat bis 50 m, in Mitteleuropa bis 20 m hoher Nadelbaum. Nadeln: Pfriemförmig; spiralig angeordnet. 0,6–2 (3) cm lang, säbelförmig gebogen, starr, zugespitzt, dunkelgrün, im Winter

Japanische Sicheltanne: Starre, säbelförmig gebogene Nadeln (l); endständige, kugelige Zapfen (r).

oft bräunlich. Zapfen (X): Kugelig, 1,5–3 cm groß, braun; Zapfenschuppen mit dornartigen Anhängseln. Rinde: Rotbraune, in Längsstreifen abfasernde Borke (Foto Seite 246). Verbreitung: Japan. In Mitteleuropa Zierbaum. Standort: Niederschlagsreiche, luftfeuchte Berglagen (500–1200 m); frische bis feuchte Böden; winterhart.

Auch in Europa wird der Mammutbaum sehr hoch. ▷

Sumpfzypresse

Taxodium distichum L. C. Rich.
(Sumpfzypressengewächse)

Gestalt: Bis 50 m hoher, sommergrüner Nadelbaum. Triebe: Bräunliche Langtriebe und wechselständige, 5–15 cm lange, grüne Kurztriebe. Knospen: Klein, kugelig. Nadeln: An Kurztrieben wechselständig, gescheitelt, 1–2 cm lang,

Die zartgrün benadelten Kurztriebe der Sumpfzypresse stehen wechselständig an bräunlichen Langtrieben.

flach, weich; hellgrün, im Herbst braun; Kurztriebe fallen mit den Nadeln ab. An Langtrieben spiralig angeordnete Schuppenblätter. Blüten (III, IV): Einhäusig verteilt.

Zapfen der Sumpfzypresse.

♂ in 7–13 cm langen Blütenständen. ♀ in grünen Zäpfchen. Zapfen (X, XI): Kugelig, 2–2,5 cm groß; braun. Rinde: Graue bis rotbraune, fein längsrissige, weiche Borke, von der sich faserige Streifen ablösen (Foto Seite 246). Verbreitung: Südöstliches Nordamerika. In Mitteleuropa in Parks. Standort: Sümpfe, Flußauen; frische bis nasse Böden; ansonsten

»Atemknie« einer Sumpfzypresse.

anspruchslos; jung frostgefährdet. Ähnliche Art: Urwelt - Mammut baum (Seite 34).
Hinweis: »Atemknie« sind knie förmige Wurzelauswüchse ältere Bäume. Sie dienen der Sauerstoff versorgung der Wurzeln.

Küstensequoie

Sequoia sempervirens Endl.
(Sumpfzypressengewächse)

Gestalt: In der Heimat bis 110 r (höchster Nadelbaum über haupt!), in Mitteleuropa bis 20 r hoher Nadelbaum. Nadeln: A Haupttrieben spiralig stehend schuppenförmig, 3–8 mm lang; a Seitentrieben gescheitelt, nadelför mig, 6–20 mm lang, flach, obe dunkelgrün, unten graugrün. Zap fen (X): Eiförmig, 2–2,5 cm groß

Küstensequoie: Zweig (l), Zapfen (r).

Rinde: Mächtige, rotbraune, ge furchte Borke, weich, faserig. Ve breitung: Pazifikküste Nordamer kas. In Mitteleuropa nur in de mildesten Gebieten winterhart.

Sumpfzypresse im Herbst.

Urwelt-Mammutbaum

Metasequoie
Metasequoia glyptostroboides Hu et Cheng
(Sumpfzypressengewächse)

Gestalt: Bis 35 m hoher, sommergrüner Nadelbaum, raschwüchsig; Krone kegelförmig. Stamm mit Dellen unterhalb der Ansatzstellen der Äste. Triebe: Bräunliche Langtriebe und gegenständige, 5–15 cm

Zweig im Herbst; die Nadeln verfärben sich rötlich, ehe sie samt den Kurztrieben abfallen.

lange, grüne Kurztriebe. Knospen: Länglich eiförmig, bis 4 mm lang, gegenständig, spitz- bis rechtwinklig abstehend. Nadeln: An Langtrieben spiralig; an Kurztrieben gegenständig, gescheitelt. 1–3,5 cm lang, flach, weich; hellgrün, im

Kurztrieb mit kammförmig gescheitelten, gegenständigen Nadeln (l); am Stamm finden sich unterhalb der Astansätze Dellen (r).

Herbst rötlich; Kurztriebe fallen mit Nadeln ab. Blüten (V): Einhäusig verteilt. ♂ in bis 10 cm langen Blütenständen, klein, kugelig. ♀ in endständigen, grünen Zäpfchen. Zapfen (X–XII): Eiförmig

Die heranreifenden, grünen Zapfen stehen aufrecht; reif hängen sie.

bis kugelig; langgestielt 1,5–2,5 cm groß, unreif aufrecht, grün; reif braun, hängend. Rinde: Grau- bis rotbraune, längsrissige, weiche Borke, von der sich faserige Streifen ablösen. Verbreitung: China, Nordwesten der Provinz Hupeh. In Mitteleuropa häufiger Park- und Gartenbaum. Standort: Tiefgründige, durchlässige, frische bis feuchte, nährstoffreiche Böden. Winterharte, aber spätfrostgefährdete Halbschattbaumart. Ähnliche Art: Sumpfzypresse (Seite 32).
Hinweis: Der Urwelt-Mammutbaum wurde erst 1941 entdeckt, nachdem zuvor im selben Jahr ein Japaner die Gattung Metasequoia anhand fossiler Funde neu beschrieben hatte, in Unkenntnis, daß davon noch ein lebender Vertreter existiert. 1947 gelangte Saatgut nach Europa, wo wenige daraus angezogene Pflanzen durch Stecklingsvermehrung rasch große Verbreitung fanden.

Kleine Gruppe von dicht zusammenstehenden Urwelt-Mammutbäumen. ▷

Gemeiner Wacholder

Juniperus communis L.
(Zypressengewächse)

Gestalt: Strauch oder kleiner, bis 10 m hoher, trägwüchsiger Nadelbaum; Krone vielgestaltig, kegel- oder säulenförmig, meist vom Grunde an mehrstämmig verzweigt; Äste spitzwinklig anstei-

Zweig mit Beerenzapfen.

gend. Nadeln: Stehen in dreizähligen Quirlen. 1–1,8 cm lang, steif, stechend spitzig; oberseits rinnenförmig vertieft, mit breitem, grauweißem Band; unterseits mehr oder weniger gekielt, grün. Nadelalter 3–4 Jahre. Blüten (IV–VI): Zweihäusig, selten einhäusig verteilt; in den Achseln einjähriger Nadeln. ♂ einzeln, eiförmig, 4–5 mm lang, gelb. ♀ in unauffälligen, nur 2 mm großen, grünen

Die stechenden Nadeln sind in dreizähligen Quirlen angeordnet.

Zäpfchen. Beerenzapfen (IX, X): Kugelig, fleischig, 5–9 mm groß, unreif grün, reif (im 2. oder 3. Jahr) blauschwarz, bereift. Botanisch gesehen sind die Beerenzapfen (Wa-

Reife Beerenzapfen.

cholderbeere) Scheinbeeren, da sie aus 3 verwachsenen Schuppenblättchen des ♀ Blütenstandes gebildet werden. Rinde: Grau- oder rotbraune, längsrissige, faserige Borke. Verbreitung: Europa, weite Teile Asiens, Nordafrika, Nordamerika. Standort: Von der Ebene bis ins Gebirge (Alpen bis 1900 m), in lichten Kiefernwäldern, an sonnigen Felshängen, in Zwergstrauchheiden, auf Magerweiden. Auf trockenen wie wechselfeuchten, kalkarmen wie kalkreichen Böden, geringe Nährstoffansprüche; Lichtbaumart, Tiefwurzler.
Hinweis: Der formenreiche Wacholder tritt in verschiedenen Unterarten auf. In Mitteleuropa sind 2 davon vertreten. 1. Der oben beschriebene Wacholder im engeren Sinne *(ssp. communis)* 2. Zwergwacholder *(ssp. alpina)*. Zwergstrauch, meist niederliegend, dicht stehende, nicht stechende Nadeln. Verbreitet in den Alpen (im Wallis bis 3500 m).

Nur selten erreicht ein Wacholder solch eine stattliche Höhe. ▷

Chilenische Araukarie

Araucaria araucana K. Koch
(Araukariengewächse)

Gestalt: In der Heimat bis 50 m, in Europa bis 25 m hoher Nadelbaum; ♂ Bäume meist viel niedriger als ♀. Stamm gerade, bei alten Bäumen auch im Freistand hoch

Krone eines jungen Baumes.

hinauf astfrei; Krone anfangs kegelförmig, später kuppel- bis schirmförmig; Äste etagenförmig in Quirlen angeordnet. Nadeln: Eiförmig bis lanzettlich, 2,5–5 cm lang, am Grunde bis 2 cm breit, flach, starr lederartig, stechend spitzig, dunkelgrün. Stehen sehr

Zweig.

dicht, einander überdeckend spiralig um den Zweig; werden bis 15 Jahre alt, dadurch bleiben Stämme junger Bäume und Zweige lange Zeit beblättert. Blüten (VI–VIII): Zweihäusig verteilt; auffallend groß. ♂ walzenförmig, 8–13 cm lang, mit vielen, spiralig gestellten Staubblättern. ♀ in großen, kugeligen, vielschuppigen Blütenständen. Zapfen: Aufrecht;

Stamm eines jungen Baumes mit den abstehenden Nadeln (l); die Triebe sind dicht dachziegelartig benadelt (r)

kugelig bis breit eiförmig, 12–20 cm groß; dicht mit zahlreichen, scharfspitzigen Schuppen besetzt; anfangs grün, später braun. Im 2. oder 3. Jahr nach der Blüte zerfallen die reifen Zapfen am Baum. Samen länglich, 2–4 cm

Die großen, aufrechten Zapfen zerfallen zur Reife am Baum.

groß, braun, eßbar (als Pinones bezeichnet). Rinde: Graubraune, gefelderte Borke. Verbreitung: Chile, Südwestargentinien. In Mitteleuropa seltener, auf den Britischen Inseln und in Südeuropa häufiger Zierbaum. Standort: Niederschlagsreiche, luftfeuchte Gebirgslagen. Nur in ganz milden Lagen winterhart. Bevorzugt nährstoffreiche, frische Böden, gedeiht auch an der Küste unter Einfluß starker, salzhaltiger Winde; empfindlich gegen hohe Lufttrockenheit.

Alte Araukarie mit gleichmäßig kuppelförmiger Krone. ▷

Eibe

Taxus baccata L.
(Eibengewächse)

Gestalt: Kleiner, trägwüchsiger, bis 15 m hoher Baum oder Strauch; Krone vielgestaltig, breit kegelförmig, eiförmig oder kugelig; meist vom Grunde an mehrstämmig. Durch Verwachsungen

Zweig mit reifen Samen.

mehrerer Stämme bilden sich im Alter oft mächtige, tief unregelmäßig gefurchte Scheinstämme. Triebe: Lange Zeit grün berindet. Nadeln: Stehen an aufrechten Trieben radial, an Seitenzweigen gescheitelt. 1–3,5 cm lang, 2–3 mm breit, flach, weich, mit feiner Stachelspitze; Nadelbasis zu einem Stielchen verschmälert; oberseits glänzend dunkelgrün mit hervorstehender Mittelrippe, unterseits

♂ Blüten (l); die ♀ Blüten ähneln Knospen (r).

hellgrün. Nadelalter 5–10 Jahre. Blüten (III, IV): Zweihäusig verteilt, einzeln, blattachselständig. ♂ zahlreich an der Zweigunterseite, kugelig, 3–4 mm groß, gelb. ♀ nur

Die reifen Samen werden von dem leuchtend roten Samenmantel umschlossen (l); bei der Zierform *Taxus baccata* 'Lutea' ist der Samenmantel hellgelb (r).

1–2 mm groß, grün (ähneln normalen Laubknospen). Samen (IX, X): Eiförmig, anfangs grün, später dunkelbraun, hartschalig. Becherförmig von einem zur Reifezeit leuchtend roten, fleischigen Samenmantel (Arillus) umschlossen, dieser im Durchmesser 8–10 mm. Rinde: Dünne, rot- oder graubraune, dünnschuppig abblätternde Borke (Foto Seite 246). Verbreitung: Europa, Nordafrika, Kaukasus, Kleinasien. Standort: Von der Ebene bis in mittlere Gebirgslagen (Alpen bis 1400 m), hauptsächlich im Bereich ozeanischen Klimas (wintermild, feucht); meist nur vereinzelt im Unterstand von Laubwäldern, bevorzugt auf frischen, lockeren, nährstoff- und kalkreichen Böden in Schluchten und an Steilhängen. Winter- und spätfrostempfindlich. Schattbaumart, Tiefwurzler. Beliebte Park- und Gartenpflanze.
Hinweis: Bis auf den roten Samenmantel enthalten alle Teile der Eibe das giftige Alkaloid Taxin. Die Eibe ist als wildwachsende Pflanze in ihrem Bestand bedroht und steht unter Naturschutz.

Die Formenvielfalt der in Parks und Gärten kultivierten Eibe ist riesig (oben *Taxus baccata* 'Fastigiata'). Am natürlichen Standort ist die Eibe selten geworden (unten). ▷

Europäische Lärche

Larix decidua Mill.
(Kieferngewächse)

Gestalt: Bis 50 m hoher, sommergrüner Nadelbaum mit raschem Jugendwachstum; Krone anfangs schmal kegelförmig, später oft breit mit abgeflachtem Wipfel. Zweige dünn, mehr oder weniger

Ast im Herbst; typisch für die Europäische Lärche sind dünne, herabhängende Zweige.

herabhängend. Triebe: Langtriebe mit gelblicher Rinde. Nadeln: An Langtrieben einzeln, spiralig angeordnet; an den höckerartigen Kurztrieben in Büscheln zu 30–50. 1,5–3 cm lang, flach, weich; hellgrün, Herbstfärbung goldgelb. Blüten (III–V, vor oder mit dem Laubaustrieb): Einhäusig verteilt;

♀ Blütenzäpfchen.

stehen an Kurztrieben; ♂ zweigunterseits gehäuft, 5–10 mm groß, gelb. ♀ in aufrechten, 1–3 cm langen, lebhaft roten Zäpfchen. Zapfen (IX, X): Aufrecht; 3–4 cm lang, eiförmig, braun. Samenschuppen gerade, am Rand nicht nach außen gerollt. Zapfen bleiben nach dem Samenfall oft noch Jahre am Baum. Rinde: Dicke graubraune, oft rotbraun gefleckte tief gefurchte, schuppig abblätternde Borke (Foto 246). Verbreitung: Alpen; kleine getrennte Teilareale in den Karpaten, Sudeten und in Polen. Standort: Hauptvorkommen in den Zentralalpen nahe der Waldgrenze (bis 2400 m, subalpiner Lärchen-Zirbenwald) unter kontinentalen Klimabedingungen (strenge Winter; kurze, strahlungsreiche Sommer; Lufttrockenheit). In den nördlichen Randalpen als Mischbaumart in Fichten-, Tannen- und Buchenwäldern. Forstlich im Tief- und Hügelland außerhalb des natürlichen Areals angebaut. Gedeiht auf Kalk- wie auf Urgestein; Nährstoffansprüche gering, genügend frische Böden aber notwendig. Lichtbaumart Tiefwurzler. Ähnliche Art: Japanische Lärche (Seite 44).

Zapfen: die Samenschuppen sind gerade (l); Lärchen bilden Langtriebe und höckrige Kurztriebe, an denen die Nadeln gebüschelt stehen (r).

Lärchenbestand im Frühjahr (oben) und Herbst (unten). ▷

Japanische Lärche

Larix kaempferi Carr.
(Kieferngewächse)

Gestalt: Bis 45 m hoher, sommergrüner Nadelbaum; anfangs raschwüchsiger als die Europäische Lärche. Krone breit kegelförmig, mit waagerechten, zur Spitze

Ast im Herbst; typisch für die Japanische Lärche sind abstehende Zweige.

hin aufwärts gebogenen Ästen; Zweige mehr oder weniger horizontal ausgebreitet, nicht hängend. Triebe: Langtriebe mit rötlichbrauner Rinde, gelegentlich etwas bereift. Nadeln: An Langtrieben einzeln, spiralig angeordnet; an Kurztrieben in Büscheln zu 40–60. 2–3,5 cm lang, flach, weich; grau-

Zapfen werden meist sehr zahlreich gebildet; hier Vorjahreszapfen zur Blütezeit.

oder bläulichgrün, Herbstfärbung goldgelb. Blüten: Wie Europäische Lärche (Seite 42). Zapfen: Wie Europäische Lärche; aber etwas kleiner; Samenschuppen am Rand nach außen gebogen (ähnlich einem Rosenblütenblatt). Rinde: Frühe Bildung einer grau- bis rotbraunen Schuppenborke (Foto 246). Verbreitung: Zentraljapan. In Mitteleuropa als Zier- und

Aufrechte ♀ Blütenzäpfchen und nach unten gerichtete ♂ Blüten (rechter Bildrand).

Waldbaum eingeführt. Standort: Naturvorkommen beschränkt auf vulkanische Gebirge (1300–2900 m) mit regenreichen, luftfeuchten Sommern. Bei uns vor allem in Küstennähe forstlich angebaut. Nährstoffansprüche gering; benötigt während der Vegetationszeit hohe Boden- und Luftfeuchtigkeit, da dürregefährdet. Ähnliche Art: Europäische Lärche (Seite 42).

Zapfen mit nach außen gebogenen Samenschuppen.

Hinweis: Als Hybridlärche *(Larix x eurolepis Henry)* wird der Bastard von Europäischer und Japanischer Lärche bezeichnet. Entstanden durch natürliche sowie künstliche Kreuzung; in den meisten Merkmalen zwischen den Elternarten stehend, so daß die sichere Unterscheidung von diesen nur schwer möglich ist. Forstlich von Interesse, da schnell wachsend.

Japanische Lärche. ▷

Atlaszeder

Cedrus atlantica Manetti
(Kieferngewächse)

Gestalt: In der Heimat bis 50 m, in Mitteleuropa selten über 30 m hoher Nadelbaum; Krone locker, anfangs breit kegelförmig, später unregelmäßig breit; Gipfeltrieb stets

Zweig mit aufrechten, faßförmigen Zapfen.

aufrecht, Äste spitzwinklig aufsteigend. Nadeln: An Langtrieben einzeln, spiralig angeordnet, an Kurztrieben in Büscheln mit bis zu 3 ringförmig übereinander angeordneten Jahrgängen von jeweils etwa 25–30 Nadeln. 1,5–2,5 (3) cm lang (im Mittel kürzer als bei der Libanonzeder), steif, spitzig; grün,

Trieb (l); Zapfen (r).

bei der beliebten Gartenform 'Glauca' blaugrün bis silbergrau (»Blauzeder«). Blüten (IX, X): Einhäusig verteilt, stehen aufrecht an älteren Kurztrieben. ♂ einzeln, walzenförmig, 3–6 cm lang, gelblich oder mitunter schwach rosa. ♀ in kleinen, etwa 1 cm langen Zäpfchen, hellgrün oder rötlich. In

Verglichen mit der großen, aufrechten ♂ Blüte (l) ist das ♀ Blütenzäpfchen (r) unscheinbar. Zedern blühen im Herbst!

Mitteleuropa häufig blühend; Blütezeit wie bei allen Zedern im Herbst! Zapfen: Aufrecht; 5–8 cm lang, 3,5–4,5 cm breit, faßförmig bis annähernd zylindrisch, Spitze abgeflacht oder eingedellt; hellbraun, harzend. Samenreife im 2. oder 3. Jahr; Zapfen zerfallen (wie bei allen Zedern) am Baum. Rinde: Feinrissige, graubraune Borke (Foto Seite 247). Verbreitung: Atlasgebirge (Marokko, Algerien). In Mitteleuropa in Parks. Standort: Gebirgslagen (1500–2500 m) mit warmen, trockenen Sommern und schneereichen Wintern; meist nährstoff- und kalkreiche Böden. Natürliche Bestände nurmehr auf kleinen Flächen. Im mitteleuropäischen Klima die unempfindlichste Zedernart, jedoch nicht völlig winterhart. Verträgt Trockenheit; Lichtbaumart. Kultiviert wird meist die blaunadelige 'Glauca'-Form. Ähnliche Arten: Libanonzeder, Himalajazeder (Seite 48).

Die Äste der Atlaszeder sind steil nach oben gerichtet. ▷

Libanonzeder

Cedrus libani A. Rich.
(Kieferngewächse)

Gestalt: Bis 40 m hoher Nadelbaum; Krone anfangs breit kegelförmig, im Alter schirmförmig abgeflacht mit starken, zunächst schräg nach oben gerichteten, später etagenartig waagerecht ausgebreiteten Ästen. Gipfeltrieb aufrecht oder schräg zur Seite gebogen. Nadeln: An Langtrieben einzeln, spiralig angeordnet, an den dicht stehenden Kurztrieben in Büscheln. 1,5–3,5 cm lang, steif,

Libanonzeder: Langtrieb mit büschelig benadelten Kurztrieben; Oberseite (l), Unterseite (r).

spitzig; dunkelgrün, gelegentlich blaugrün ('Glauca'-Form). Blüten: Wie Atlaszeder. Zapfen: Aufrecht; 7–11 cm lang, 4–6 cm breit; faßförmig, Spitze abgeflacht oder eingedellt; braun. Rinde: Feinrissige, dunkelgraue Borke (Foto Seite 247). Verbreitung: Libanon, Syrien, Türkei. In Mitteleuropa gelegentlich in Parks. Standort: Gebirge, (1000–2100 m), meist auf Kalk.

Zapfen der Libanonzeder; Zedernzapfen zerfallen am Baum.

In Mitteleuropa in milden Lagen winterhart. Ähnliche Arten: Atlaszeder (Seite 46), Himalajazeder.

Himalajazeder

Cedrus deodara G. Don
(Kieferngewächse)

Gestalt: Bis 60 m hoher Nadelbaum; Krone kegelförmig; Gipfeltrieb bogig überhängend, Äste waagerecht, Zweigspitzen nach unten gebogen. Nadeln: An Langtrieben einzeln, spiralig angeordnet, an Kurztrieben in Büscheln. 2,5–5,5 cm lang (länger als bei den anderen Zedern), dünn, weich, biegsam, spitzig; hellgrün, selten blau- oder graugrün. Blüten: Wie Atlaszeder, blüht in Mitteleuropa selten. Zapfen: Aufrecht; 7–11 cm lang, 5–6 cm breit, faßförmig, Spitze abgerundet; anfangs bläulich bereift, später rotbraun. Rinde:

Typisch für die Himalajazeder: lange, weiche Nadeln (l) und bogig überhängender Gipfeltrieb (r).

Feinrissige, dunkel graubraune Borke (Foto Seite 247). Verbreitung: Westlicher Himalaja. In Mitteleuropa gelegentlich in Parks. Standort: Gebirge (1400–3000 m). Gedeiht in Mitteleuropa nur in sehr milden Lagen; frostgefährdeter als Atlas- und Libanonzeder. Ähnliche Art: Atlaszeder (Seite 46), Libanonzeder.

Charakteristische Wuchsform der Libanonzeder (oben) und Himalajazeder (unten). ▷

Waldkiefer

Föhre, Forche
Pinus sylvestris L.
(Kieferngewächse)

Gestalt: Bis 40 m hoher Nadelbaum; Krone anfangs kegelförmig mit quirlständigen Ästen, später

Rötliche Spiegelrinde im Kronenbereich.

vielgestaltig: bei Bäumen des Flachlandes Krone abgerundet, unregelmäßig, grobastig; bei Bäumen höherer Lagen schmal, spitz, feinastig. Nadeln: Stehen paarweise an Kurztrieben. 3–7 cm lang,

Die Nadeln sind steif, spitz und meist deutlich gedreht.

steif, zugespitzt; blau- bis graugrün, auch gelb- oder dunkelgrün. Nadelalter 3–6 Jahre. Blüten (V, VI): Einhäusig verteilt. ♂ dicht gedrängt am Grunde diesjähriger Langtriebe; walzenförmig, 5–8 mm lang, gelb. ♀ Blütenzäpfchen aufrecht, einzeln oder zu 2 (selten 4) endständig, etwa 5 mm lang, dunkelrot oder violett. Zapfen: Kurzgestielt; eiförmig, 3–7 cm

Die ♂ Blüten stehen gedrängt an der Basis der Maitriebe.

lang; graubraun. Schuppenschild mit hellbraunem Nabel, meist ohne deutlichen Dorn. Samenreife im Herbst des 2. Jahres, Samenfall im folgenden Frühjahr, Zapfen fällt danach als Ganzes ab. Rinde: Im oberen Stammbereich fuchsrot,

Geöffnete Zapfen; die Samen sind ausgefallen.

feinschuppig (Spiegelrinde); unterer Stammbereich alter Bäume mit dicker, grau- oder rotbrauner, rauh gefurchter Plattenborke (Foto Seite 247). Verbreitung: Mittel-, Nordeuropa, Kleinasien, Sibirien. Standort: Hauptvorkommen im Flachland, im Gebirge bis 2100 m. Anspruchslos, frosthart, unempfindlich gegen Dürre; besiedelt von Natur aus in Mitteleuropa vor allem extreme Standorte (trockene, nährstoff- und basenarme Sande, Moor- oder Rohböden). Darüberhinaus forstwirtschaftlich großflächig angebaut. Licht- bis Halbschattbaumart, Tiefwurzler. Ähnliche Art: Bergkiefer (Seite 52).

Solitäre Waldkiefer (oben); Gruppe von Jungbäumen (unten). ▷

Bergkiefer

Latsche
Pinus mugo Turra
(Kieferngewächse)

Gestalt: Strauch mit vielen niederliegenden, an der Spitze knieförmig aufgerichteten Stämmen oder bis 25 m hoher Baum mit kegelförmiger Krone. Nadeln: Stehen paarweise an Kurztrieben. 3–6 cm

Die steifen Nadeln stehen paarweise an Kurztrieben (l); ♂ Blüten (r).

lang, derb, steif, meist stumpfspitzig; dunkelgrün. Nadelalter 5–10 Jahre. Benadelung dichter als bei der Waldkiefer. Blüten (V–VII): Wie Waldkiefer, aber ♂ schlanker und länger (1–1,5 cm lang). Zapfen: Bis zu 4 in Quirlen, kurzgestielt bis sitzend; eiförmig, 3–6 cm lang, glänzend braun.

Unterart Hakenkiefer: junger (l) und fast reifer Zapfen (r).

Form der Schuppenschilder variiert (Hinweis); um den Nabel meist ein dunkler Ring. Reife wie Waldkiefer. Rinde: Graubraune bis schwarzgraue, kleinfeldrige Borke. Verbreitung: Gebirge Süd- und Mitteleuropas. Standort: Obere Bergstufe bis in die subalpine Region (Alpen bis 2400 m); ausgedehnte Bestände im Bereich der Waldgrenze (Latschengürtel); im Voralpenland auf Mooren. Besiedelt trockene wie nasse, basische wie saure, flach- wie tiefgründige Böden (Extremstandorte); geringe Nährstoff- und Wärmeansprüche, extrem frost- und windharte Lichtbaumart, meist flach wurzelnd. Ähnliche Art: Waldkiefer (Seite 50).

Hinweis: Aufgrund der Formenvielfalt werden Unterarten unterschieden, deren exakte Bestimmung schwierig ist. 1. Latsche, Legföhre *(ssp. mugo)*. Niederliegender Strauch mit aufsteigenden

Geöffnete Latschenzapfen.

Ästen; Schuppenschilder der Zapfen meist flach, ohne Haken. 2. Spirke, Hakenkiefer *(ssp. uncinata)*. Bis 25 m hoher Baum; Schuppenschilder gewölbt mit deutlichem Haken. 3. Moorkiefer *(ssp. rotundata)*. Strauch oder bis 10 m hoher Baum; Schuppenschilder gewölbt mit undeutlichem Haken. An Gebirgssteilhängen schützt die Bergkiefer vor Erosion und Lawinen; sie steht unter Naturschutz.

Latsche mit den kerzenförmigen Jungtrieben (oben); Moorkiefer (unten). ▷

Schwarzkiefer

Pinus nigra Arnold
(Kieferngewächse)

Gestalt: Bis 40 m hoher, jung raschwüchsiger Nadelbaum; Krone anfangs kegelförmig, quirlständig beastet, später mit starken, waagerecht abstehenden Ästen. Knospen: 1–2,5 cm lang, spitzig, harzend. Nadeln: Stehen paarweise an Kurztrieben. 8–16 cm lang,

Zweig mit den langen Nadeln.

steif, stechend spitzig; dunkelgrün. Nadelalter 4–7 Jahre. Blüten (V, VI): Wie bei der Waldkiefer (Seite 50), aber ♂ größer (2–2,7 cm lang), Langtriebe zur Blütezeit meist noch sehr kurz. ♀ Zäpfchen 0,8 bis 1,2 cm lang. Zapfen: Mehr oder weniger waagerecht abstehend, sitzend oder kurzgestielt, eiförmig, 4–9 cm lang; ockerbraun,

Spitzkegelige, harzende Knospe.

schwach glänzend. Schuppenschild oft mit kurzbedorntem Nabel. Samenreife im Herbst des 2. Jahres. Vor dem Samenfall im folgenden Frühjahr spreizen die Zapfenschuppen weit auseinan-

♂ Blüten am Grunde des neuen, noch wenig gestreckten Triebes.

der; danach fallen die Zapfen als Ganzes ab. Rinde: Graubraune bis grauschwarze, im Alter rauh gefurchte Schuppenborke (Foto Seite 247). Verbreitung: Südeuropa, Balkan, Kleinasien. In Mitteleuropa häufig in Parks und Gärten, verbreitet auch forstlich kultiviert. Standort: Meist auf flach- bis mittelgründigen, kalkreichen Böden

Zapfen nach dem Samenausfall.

in sommerwarmer, nicht zu trockener Klimalage; geringe Nährstoffansprüche, dürreresistent, winter- und spätfrostunempfindlich; relativ wenig gefährdet durch Luftverunreinigungen. Halblichtbaumart, Tiefwurzler. Ähnliche Arten: Pinie (Seite 56), Strandkiefer (Seite 58). Hinweis: Das Verbreitungsgebiet der Schwarzkiefer ist in Teilareale zersplittert; deswegen ist die Art sehr formenreich. Sie wird in verschiedene Unterarten eingeteilt, deren sichere Unterscheidung schwierig ist. In Mitteleuropa bedeutsam, da genügend frosthart, ist nur die Österreichische Schwarzkiefer *(ssp. nigra)*.

Schwarzkiefern in einem Park. ▷

Pinie

Pinus pinea L.
(Kieferngewächse)

Gestalt: Bis 25 m hoher Nadelbaum mit dichter, breiter, bei Altbäumen schirmförmig abgeflachter Krone. Äste meist spitzwinklig

Wipfel junger Pinien.

aufsteigend. Knospen: 6–14 mm lang, harzlos; Schuppen mit weißen Fransen, die Spitzen zurückgerollt. Nadeln: Stehen zu 2 (selten 3) an Kurztrieben. 10–18 cm lang, steif, stechend spitzig; hell- bis dunkelgrün. Nadelalter 2–4 Jahre. Blüten (V, VI): Einhäusig verteilt. ♂ gedrängt am Grunde diesjähriger Langtriebe, walzenförmig,

Die ♂ Blüten werden anstelle benadelter Kurztriebe gebildet; nach der Blüte bleibt der Trieb im unteren Teil kahl (l). Zapfen im ersten Jahr (rechtes Bild oben) und im zweiten Jahr (rechtes Bild unten).

1–1,5 cm lang, gelb. ♀ Blütenzäpfchen ebenso lang, endständig, aufrecht, einzeln oder bis zu 3. Zapfen: Fast sitzend; eiförmig bis breit oval, 10–15 cm lang, bis 10 cm breit; glänzend braun. Schuppenschild stark gewölbt, mit großem, hellgrauem, wenig hervortretendem und nicht bedorntem Nabel.

Zapfen kurz vor der Reife.

Samen dunkelbraun, bis 2 cm groß, eßbar (»Piniennüsse«); Reife erst im Herbst und Winter des 3. Jahres nach der Blüte. Die untersten Schuppen des abfallenden Zapfens bleiben am Zweig haften. Rinde: Grau- bis rotbraune, dunkel gefurchte, großplattige Schuppenborke (Foto Seite 247). Verbreitung: Südeuropa, Kleinasien. Standort: Baum der immergrünen Hartlaubvegetation mit milden Wintern und trockenen, warmen Sommern; auch auf nährstoffarmen Böden, dürreunempfindlich. Seit alters her im gesamten Mittelmeerraum, stellenweise bis an den Südalpenrand (Oberitalien) entlang von Straßen, an Plätzen, in Parks und Gärten häufig kultiviert (mediterraner Charakterbaum). Auf den wintermilden Britischen Inseln aushaltend, in Mitteleuropa nicht winterhart. Ähnliche Arten: Strandkiefer (Seite 58), Schwarzkiefer (Seite 54).

Abendstimmung in einem Pinienhain. ▷

Strandkiefer

Seestrandkiefer
Pinus pinaster Soland.
(Kieferngewächse)

Gestalt: Bis 30 m hoher Nadelbaum; Krone im Alter breit, abgeflacht. Knospen: Groß (1,5–3,2 cm), harzlos; Schuppen mit weißen Fransen, die Spitzen zurückgerollt. Nadeln: Stehen paarweise (selten zu dritt) an Kurztrieben. Sehr lang (13–23 cm), steif,

Die Krone der Strandkiefer ist meist voll mit alten Zapfen beladen.

stechend spitzig; gelb- bis dunkelgrün. Nadelalter bis 4 Jahre. Zapfen: Bis zu 5 in Quirlen, kurzgestielt; eiförmig, sehr groß (10–18 cm lang); glänzend braun. Schuppenschild mit stumpfspitzig bedorntem Nabel. Nach der Reife

Strandkiefer: blühender Zweig (l); Zapfen mit bedornten Schuppenschildern (r).

bleiben die Zapfen oft noch jahrelang am Baum. Rinde: Dicke, grau- oder rotbraune, tief gefurchte Schuppenborke (Foto Seite 247). Verbreitung: Westliches Mittelmeergebiet; in ganz Südeuropa kultiviert (vielfach zum Zwecke der Harznutzung). Standort: Anspruchslos, dürreunempfindlich. In Mitteleuropa kaum winterhart. Ähnliche Arten: Schwarzkiefer (Seite 54), Pinie (Seite 56).

Aleppokiefer

Seekiefer
Pinus halepensis Mill.
(Kieferngewächse)

Gestalt: Bis 20 m hoher, krummstämmiger Nadelbaum; Krone im Alter unregelmäßig, kugelig oder schirmförmig abgeflacht. Nadeln: Stehen paarweise an Kurztrieben. 6–10 cm lang, dünn, biegsam, zugespitzt; hell- oder gelbgrün. Nadelalter bis 3 Jahre. Zapfen: Bis zu 3 in Quirlen an kurzen, kräftigen Stielen; eiförmig, 6–10 cm lang, rotbraun, schwach glänzend.

Aleppokiefer: Zweig mit Zapfen.

Schuppenschild mit unbedorntem Nabel. Nach der Reife bleiben die Zapfen oft noch jahrelang am Baum. Rinde: Zunächst auffallend hellgrau, glatt; alte Bäume mit grau- bis rotbrauner, gefurchter Schuppenborke (Foto Seite 247). Verbreitung: Mittelmeergebiet, vorwiegend in Küstennähe. Standort: Anspruchslos, dürreunempfindlich. In Mitteleuropa nicht winterhart.

Bestand mit unterschiedlich alten Strandkiefern. ▷

Gelbkiefer

Pinus ponderosa Dougl.
(Kieferngewächse)

Gestalt: In der Heimat bis 70 m, in Mitteleuropa selten über 20 m hoher Nadelbaum; Zweige oft hängend. Triebe: Im ersten Jahr

Gelbkiefern haben sehr lange Nadeln.

braungrün, glänzend. Knospen: Harzend. Nadeln: Stehen zu dritt an Kurztrieben. Auffallend lang (12–26 cm), steif, zugespitzt, dunkel- oder hellgrün. Zapfen: Länglich bis eiförmig, 7–15 cm lang, hellbraun. Schuppenschild mit geradem, oder nach unten gebogenem Dorn. Die untersten Schuppen des abfallenden Zapfens bleiben am Zweig haften. Rinde: Gefurchte, grau- bis rotbraune, oft

Bei der Gelbkiefer stehen die Zapfen meist zu mehreren beieinander.

fast schwarze Plattenborke (Foto Seite 247). Verbreitung: Westliches Nordamerika. In Mitteleuropa in Parks. Standort: Gebirge (500–2600 m), anspruchslos, unempfindlich gegen Trockenheit, winterhart. Ähnliche Art: Jeffrey-Kiefer.

Jeffrey-Kiefer

Pinus jeffreyi Grev. et Balf.
(Kieferngewächse)

Gestalt: In der Heimat bis 60 m, in Mitteleuropa bis 30 m hoher Nadelbaum. Triebe: Im ersten Jahr bereift. Knospen: Nicht harzend. Nadeln: Stehen zu dritt an Kurztrieben. Auffallend lang (12–22 cm), steif, zugespitzt, blau- oder graugrün. Zapfen: Eiförmig, sehr groß (bis 25 cm), hellbraun. Schuppenschild mit spitzem, nach unten

Zweig der Jeffrey-Kiefer mit langen Nadeln und großen, hier noch geschlossenen Zapfen.

gebogenem Dorn. Rinde: Gefurchte, rotbraune bis fast schwarze Plattenborke. Verbreitung: Südwestliches Nordamerika. In Mitteleuropa in Parks. Standort: Gebirgslagen (1500–3000 m) mit warmtrockenen Sommern und kalten Wintern; anspruchslos, unempfindlich gegen Trockenheit, winterhart. Ähnliche Art: Gelbkiefer.

Gelbkiefer. ▷

Zirbelkiefer

Zirbe, Arve
Pinus cembra L.
(Kieferngewächse)

Gestalt: Bis 25 m hoher Nadelbaum; Krone tief herabreichend, dicht, anfangs schmal kegelförmig, später abgerundet, breit; bei Bäumen am natürlichen Standort meist bizarr, in Kultur hingegen ebenmäßig bleibend. Triebe: Filzig rostrot behaart. Nadeln: Stehen zu je 5 pinselartig gebüschelt an Kurztrieben. 5–8 cm lang, ziemlich

Die Nadeln stehen zu je 5 gebüschelt an Kurztrieben.

steif; dunkelgrün, die Innenseiten mit blauweißen Längsstreifen. Nadelalter 3–6 Jahre; dichte Benadelung. Blüten (VI, VII): Einhäusig verteilt. ♂ gehäuft am Grunde junger Langtriebe; ei- bis walzenförmig, 1–2 cm lang, gelb oder rot.

♀ Zäpfchen kurz nach der Blüte.

♀ Blütenzäpfchen aufrecht, einzeln oder bis zu 5 an den Spitzen diesjähriger Langtriebe, violett. Zapfen: Aufrecht; gedrungen eiförmig, 5–8 cm lang; unreif violett, bereift, reif braun. Samenschup-

Heranwachsende Zirbenzapfen sind auffallend violett gefärbt; reif sind sie zimtbraun.

pen lederartig, nicht verholzend; Schuppenschild mit abstehendem Nabel. Die Zapfen fallen ungeöffnet mit den Samen im Frühjahr des 3. Jahres ab. Samen groß (1–1,3 cm), mattbraun, ohne Flügel, hartschalig, eßbar (»Zirbelnüsse«). Rinde: Graubraune, rissige Schuppenborke. Verbreitung: Alpen, Karpaten; eine Unterart *(ssp. sibirica)* in Nordrußland und Westsibirien. Standort: Hauptvorkommen in den Zentralalpen (1700–2400 m, maximal bis 2800 m; die Waldgrenze bildend) bei kontinental getöntem Klima (strenge Winter; kurze, aber strahlungsreiche Sommer; Lufttrockenheit); frische Böden, Kalk- wie Urgestein. Extrem frosthart, geringe Wärmeansprüche (etwa 70 Tage Vegetationszeit genügen). Erträgt in der Jugend geringe Beschattung.

Freistehende Zirben (oben); Zirbenbestand (unten). ▷

Weymouthskiefer

Strobe
Pinus strobus L.
(Kieferngewächse)

Gestalt: In der Heimat bis 60 m, in Mitteleuropa bis 25 m hoher, raschwüchsiger Nadelbaum; Krone anfangs kegelförmig, später abgeflacht, unregelmäßig, breit; Äste waagerecht ausgebreitet, zur Spitze hin meist bogig aufsteigend. Triebe: Dünn, anfangs meist fein

Zweig mit unreifen, grünen Zapfen.

behaart, später kahl. Nadeln: Stehen zu je 5 pinselartig gebüschelt an Kurztrieben. 6–12 cm lang, weich, dünn, hell- oder blaugrün, die Innenseiten mit weißen Längsstreifen. Nadelalter 2–3 Jahre. Blüten (V, VI): Einhäusig verteilt. ♂ am Grunde diesjähriger Langtriebe; walzenförmig, 5–8 mm groß, gelb. ♀ Blütenzäpfchen schlank, aufrecht, endständig, deutlich gestielt, bis 1,5 cm groß, grünlich. Zapfen: Hängend, bis 2 cm langgestielt; schlank, walzenförmig,

Die fünfnadeligen Kurztriebe stehen an dünnen Langtrieben (l); Zapfen nach der Samenreife (r).

leicht gekrümmt, 10–20 cm lang, hellbraun. Zapfenschuppen lederartig, harzend, Schuppenschild flach. Reife im Herbst des 2. Jahres, die leeren Zapfen erst einige

Die deutlich gestielten Zapfen ein Jahr nach der Blüte.

Zeit nach dem Samenfall abfallend. Rinde: Anfangs glatt, oft glänzend, graugrün; später dunkle, graubraune, rissige Schuppenborke (Foto Seite 247). Verbreitung: Östliches Nordamerika. In Mitteleuropa beliebter Zierbaum, verbreitet forstlich kultiviert. Standort: Niederungen und untere Gebirgslagen mit kühlfeuchtem Klima. Bevorzugt auf tiefgründigen, frischen Böden; geringe Nährstoffansprüche, frostunempfindlich; Halblichtbaumart. Ähnliche Art: Rumelische Kiefer (Seite 66). Hinweis: Die Weymouthskiefer leidet stark unter einer praktisch kaum bekämpfbaren Pilzkrankheit, dem Blasenrost *(Cronartium ribicola)*. Symptome sind mit Harzaustritt verbundene Anschwellungen an Stamm und Zweigen.

Waagerechte, an der Spitze bogig aufgerichtete Äste prägen den Habitus der Weymouthskiefer. ▷

Tränenkiefer

Himalajakiefer
Pinus wallichiana Jacks.
(Kieferngewächse)

Gestalt: In der Heimat bis 50 m, in Mitteleuropa bis 25 m hoher Nadelbaum mit lockerer, breit kegelförmiger Krone und waagerecht abstehenden Ästen. Triebe: Kahl,

Tränenkiefer: Zweig mit großen Zapfen.

leicht bereift. Nadeln: Stehen zu je 5 an Kurztrieben. Auffallend lang (12–20 cm), weich, dünn, überhängend; matt- oder blaugrün, die In-

Die langen, schlaffen Nadeln der Tränenkiefer hängen bogenförmig nach unten.

nenseiten mit weißen Längsstreifen. Zapfen: Bis 5 cm langgestielt; 15–26 cm lang, hellbraun, stark harzend (der Name Tränenkiefer wegen der Harztropfen). Rinde: Graubraune bis schwarzgraue, rissige Schuppenborke (Foto Seite 247). Verbreitung: Himalaja. In Mitteleuropa Zierbaum. Standort: Gebirge (1500–4000 m), bevorzugt auf tiefergründigen, frischen Böden; winterhart. Lichtbedürftig, benötigt Freistand.

Rumelische Kiefer

Pinus peuce Griseb.
(Kieferngewächse)

Gestalt: Bis 25 m hoher Nadelbaum mit schmal kegelförmiger Krone. Triebe: Dick, stets kahl. Nadeln: Stehen zu je 5 an kleinen Kurztrieben. 7–10 cm lang, biegsam, relativ steif, grün, die Innenseiten mit weißen Längsstreifen.

Zweig der Rumelischen Kiefer.

Zapfen: Wie Weymouthskiefer, aber kleiner (8–15 cm lang), nur bis etwa 1 cm langgestielt. Rinde: Graubraune bis dunkelbraune, rissige Schuppenborke. Verbreitung: Bulgarien, Albanien, Südjugoslawien, Nordgriechenland. In Mitteleuropa in Parks. Standort: Ge-

Rumelische Kiefer: fünfnadelige Kurztriebe an kräftigen, stets kahlen Langtrieben (l); stark harzende Zapfen (r).

birge (800–2300 m), meist an Schatthängen auf Silikatböden, seltener auf Kalk; anspruchslos, winterhart, Halbschattbaumart. Ähnliche Art: Weymouthskiefer (Seite 64).

Tränenkiefer. ▷

Echte Zypresse

Mittelmeerzypresse
Cupressus sempervirens L.
(Zypressengewächse)

Gestalt: Bis 30 m hoher Nadelbaum; Krone entweder schmal säulenformig, spitz, mit senkrecht aufsteigenden Ästen oder breit, mit mehr oder weniger waagerecht ausgebreiteten Ästen; stets tief beastet. Triebe: Stehen allseitig vom Zweig ab; rund oder undeutlich vierkantig (nie flach). Blätter: Gegenständige, dicht gestellte, kleine, sich überdeckende, eng

Jüngeres (l) und etwas älteres Zweiglein (r). Die kleinen Schuppenblättchen sind den Trieben dicht dachziegelartig angepaßt.

dem Trieb angedrückte Schuppenblätter. Stumpf eiförmig, dunkelgrün. Blüten (III, IV): Einhäusig verteilt. ♂ endständig, keulenförmig, 3-6 mm lang, anfangs gelbgrün, später bräunlich. ♀ in unscheinbaren, kleinen (4-6 mm),

Kugelige, noch geschlossene Zapfen.

kugeligen Blütenständen, grün. Zapfen (III-V): Kugelig, 2-4 cm groß, 6-12 schildförmig gewölbte Schuppen; in ihrer Mitte ein mehr oder weniger spitzer Höcker; graubraun, glänzend; Samenreife im 2. Jahr, die geöffneten Zapfen bleiben noch einige Zeit am Baum. Rinde: Dünne, graubraune, fein längsrissige, abfasernde Borke. Verbreitung: Östliches Mittelmeergebiet, Nordpersien, Kleinasien; im gesamten mediterranen Raum, stellenweise bis an den Südalpenrand eingebürgert. In Mitteleuropa selten kultiviert. Standort: Von Natur aus in nadelbaumreichen Gebirgswäldern, bevorzugt auf frischen, mäßig nährstoffreichen Böden in freier, sonniger Lage; unempfindlich gegen Sommerdürre; nur in sehr milden Lagen winterhart.

Hinweis: Die Echte Zypresse tritt in 2 verschiedenen Wuchsformen auf. Der ursprüngliche Typ ist die breitkronige Form *(var. horizontalis)*, die im ostmediterranen Raum wildwachsend vorkommt, aber nur selten kultiviert wird. Die Säulenform *(var. sempervirens)*, eine der Charakterpflanzen des Mittelmeerraums, wird seit dem Altertum an Straßen, in Parks, Gärten und auf Friedhöfen angepflanzt.

Sowohl in der Ebene (oben) als auch im Gebirge (unten) sind Zypressen in ihrer unverkennbaren Wuchsform prägend für die Landschaft des Mittelmeergebiets.

Lawsons Scheinzypresse

Chamaecyparis lawsoniana Parl.
(Zypressengewächse)

Gestalt: In der Heimat bis 65 m, in Mitteleuropa bis 30 m hoher Nadelbaum; Krone schmal kegelförmig, Gipfeltrieb und Zweigspitzen überhängend. Triebe: Wedelartig in waagerechter Ebene verzweigt;

Blühender Zweig.

flach. Blätter: Gegenständige Schuppenblätter; eiförmig spitz, die größeren Kantenblätter mit abstehender Spitze, die kleineren Flächenblätter mit länglichen Öldrüsen (im Gegenlicht sichtbar!); trieboberseits matt- bis dunkelgrün, unterseits heller mit verschwommen weißrandigen Blatträndern. Blüten (IV): Einhäusig verteilt; bereits im Herbst angelegt; endständig. ♂ keulenförmig, 4–6 mm groß, zur Blütezeit rot. ♀ in ebenso großen, unscheinbaren, kugeligen Blütenständen, bläulich. Zapfen (IX, X): Kugelig,

Die keulenförmigen ♂ Blüten im Winter vor der Blüte (l); zur Blütezeit sind sie auffallend kaminrot (r).

7–10 mm groß, braun, verholzt, mit 8 schildförmigen, in der Mitte kurzbedornten Schuppen; Rinde: Anfangs graubraun, glatt; Borke rot- oder silberbraun, längsrissig, schuppig (Foto Seite 247). Verbreitung: Entlang der nordamerikanischen Pazifikküste. In Mitteleuropa häufig als Zierbaum. Standort: Küstennahe, luftfeuchte Mittelgebirge (bis 1500 m). Etwas dürregefährdet, meidet deshalb flachgründige Böden, ansonsten standorttolerant; nahezu völlig winterharte, flachwurzelnde Schattbaumart. Ähnliche Art: Nootka-Scheinzypresse (Seite 72).

Triebunterseite (l); kugelige Zäpfchen (r).

Hinweis: 1. Alle Scheinzypressen-Arten sind giftig. 2. Scheinzypressen *(Chamaecyparis)* sind Lebensbäumen *(Thuja)* sehr ähnlich. Erkennungsmerkmale für Scheinzypressen sind bogig überhängende Gipfeltriebe und kugelige Zapfen. Lebensbäume haben aufrechte Gipfeltriebe und länglich eiförmige Zapfen. 3. Von der Lawsons Scheinzypresse gibt es viele Zierformen; gärtnerisch beliebt sind vor allem 'Glauca'-Varianten.

Kleine Gruppe von Lawsons Scheinzypressen. ▷

Nootka-Scheinzypresse

Chamaecyparis nootkatensis Spach
(Zypressengewächse)

Gestalt: Bis 35 m hoher Nadelbaum, Krone kegelförmig; Gipfeltrieb wie Zweigspitzen überhängend. Triebe: Undeutlich vierkantig. Blätter: Gegenständige, scharf zugespitzte Schuppenblätter; auf beiden Triebseiten blau- bis dunkelgrün, unterseits ohne weiße

Nootka-Scheinzypresse: ♂ Blüten (l); Zweig mit ♂ Blüten und reifender Zapfen (r).

Zeichnung. Zapfen (IX, X): Kugelig, 1 cm breit, 4 oder 6 Schuppen mit kräftigem Dorn; graubraun; Reife meist im 2. Jahr. Rinde: Foto Seite 247. Verbreitung: Entlang der nordamerikanischen Pazifikküste. In Mitteleuropa winterharter Zierbaum. Ähnliche Art: Lawsons Scheinzypresse (Seite 70). (Hinweis: Siehe Hinweis 1. und 2. auf Seite 70.

Erbsenfrüchtige Scheinzypresse

Chamaecyparis pisifera Endl.
(Zypressengewächse)

Gestalt: In Mitteleuropa bis 20 m hoher Nadelbaum. Blätter: Gegenständige Schuppenblätter mit feiner, scharfer Spitze; trieboberseits glänzend dunkelgrün, unterseits mit weißen Flecken. Zapfen (X): Kugelig, erbsengroß (Name!). Verbreitung: Japan. In Mitteleuropa winterharter Zierbaum.

Triebunterseite der Erbsenfrüchtigen Scheinzypresse.

Hinweis: Bei den vielen Gartenvarietäten unterscheidet man die Formen 'Squarrosa' (5–7 mm lange, blau- bis graugrüne Nadeln), 'Plumosa' (pfriemförmige Blätter) und 'Filifera' (hängende Triebe, schuppen- bis pfriemförmige Blätter). Siehe auch Hinweis 1. und 2. auf Seite 70.

Kalifornische Flußzeder

Calocedrus decurrens Florin
(Zypressengewächse)

Gestalt: Bis 45 m hoher Nadelbaum. Blätter: Je 4 gleich lange Schuppenblätter in Scheinquirlen, dadurch Triebe wie gegliedert.

Kalifornische Flußzeder: Triebe (l); Zapfen (r).

Zapfen (IX): Eiförmig, 2–2,5 cm lang, rotbraun; 6 oben dornspitzige Schuppen, das oberste Paar zu einer Platte verwachsen. Verbreitung: Nordamerika. In Mitteleuropa winterharter Zierbaum.

Nootka-Scheinzypresse (links oben) Erbsenfrüchtige Scheinzypresse (rechts oben) Kalifornische Flußzeder (unten). ▷

Abendländischer Lebensbaum

Thuja occidentalis L.
(Zypressengewächse)

Gestalt: Bis 20 m hoher, oft mehrstämmiger Nadelbaum; Krone kegelförmig, Gipfeltrieb aufrecht. Triebe: Wedelartig in waagerechter Ebene verzweigt, flach. Blätter: Gegenständige, zugespitzte Schuppenblätter; vor allem an Haupttrieben mit kugeligen Öldrüsen;

Abendländischer Lebensbaum: Farbunterschied zwischen der Trieboberseite (l) und der Triebunterseite (r).

trieboberseits dunkelgrün, unterseits hellgrün, ohne weiße Zeichnung; im Winter braungrün. Zerrieben aromatisch riechend. Blüten: Wie Riesenlebensbaum (Seite 76). Zapfen (IX, X): Länglich eiförmig, 8–12 mm lang, gestielt; 8 oder 10 lederige Schuppen, braun,

Abendländischer Lebensbaum: Die Schuppen reifer Zapfen klaffen weit auseinander.

spreizend. Rinde: Rot- bis graubraune, längsstreifig abfasernde, dünne, weiche Borke (Foto Seite 247). Verbreitung: Östliches Nordamerika. In Mitteleuropa in Parks, Hecken, auf Friedhöfen. Standort: Kühl-feuchte Lagen, meist kalkreiche, vernäßte Böden. Winterharte, bei ausreichender Feuchtigkeit standorttolerante Schattbaumart. Ähnliche Art: Morgenländischer Lebensbaum. Hinweis: Giftige Pflanze! Siehe auch Hinweis 2 Seite 70.

Morgenländischer Lebensbaum

Thuja orientalis L.
(Zypressengewächse)

Gestalt: Kleiner (bis 12 m), oft mehrstämmiger Nadelbaum oder Strauch; Krone kegelförmig oder abgerundet, Äste aufsteigend. Triebe: Wedelartig in vorwiegend senkrechter Ebene verzweigt. Blätter: Wie Abendländischer Lebensbaum, aber Öldrüsen kommaförmig, weniger deutlich ausgebildet;

Morgenländischer Lebensbaum: junger Baum mit in vertikaler Ebene angeordneten Zweigen (l); Zweig (r).

auf beiden Triebseiten annähernd gleichfarben grün. Zerrieben schwach harzig riechend. Zapfen (X, XI): Eiförmig kugelig, 1–2 cm lang; reif braun; 6 an der Spitze hakenförmig gespornte Schuppen, zur Reife holzig, weit spreizend. Verbreitung: Ostasien. In Mitteleuropa nicht überall winterhartes Ziergehölz.
Hinweis: Giftige Pflanze! Siehe auch Hinweis 2 auf Seite 70.

Abendländischer Lebensbaum. ▷

Riesenlebensbaum

Thuja plicata Donn
(Zypressengewächse)

Gestalt: In der Heimat bis 60 m, in Mitteleuropa bis 30 m hoher Nadelbaum; Krone kegelförmig, Gipfeltrieb aufrecht. Triebe: Wedelartig in waagerechter Ebene

Riesenlebensbaum: Zweig mit den waagerecht ausgebreiteten, wedelartigen Trieben.

verzweigt, flach. Blätter: Gegenständige Schuppenblätter; an stärkeren Trieben lang zugespitzt, mit Öldrüsen, an feinen Zweiglein kurz zugespitzt, Öldrüsen undeutlich oder fehlend; trieboberseits glänzend dunkelgrün, unterseits

Riesenlebensbaum: glänzend grüne Trieboberseite (l); graugrüne Triebunterseite (r).

grau. Zerrieben aromatisch riechend. Blüten (III–V): Einhäusig verteilt; bereits im Herbst angelegt; endständig. ♂ kugelig, 1–2 mm groß, gelbbraun. ♀ in unscheinbaren, etwa 2 mm großen Blütenständen. Zapfen (VIII, IX): Länglich eiförmig, 1–1,5 cm lang; 10 oder 12 ledrige Schuppen, braun, spreizend. Rinde: Rotbraune, längsstreifig abfasernde, dün-

Unreife Zapfen des Riesenlebensbaumes (l); Zapfen des Hiba-Lebensbaums (r).

ne, weiche Borke (Foto Seite 247). Verbreitung: Pazifisches Nordamerika. In Mitteleuropa Park- und Gartenbaum. Standort: Kühlfeuchte Lagen, häufig an Fließgewässern. Frische bis feuchte Böden, dürregefährdet. Ansonsten standorttolerant; weitgehend winterharte, flachwurzelnde Schattbaumart.
Hinweis: Giftige Pflanze! Siehe auch Hinweis 2 auf Seite 70.

Hiba-Lebensbaum

Thujopsis dolabrata Sieb. et Zucc.
(Zypressengewächse)

Stammt aus Japan; in Mitteleuropa kleiner Baum oder Strauch; winterhart. Von den ähnlichen Thuja-Arten unterschieden durch

Triebunterseite des Hiba-Lebensbaumes mit kalkweißen Flecken.

breitere, ledrigharte Schuppenblätter; trieboberseits glänzend grün, unterseits mit auffallend hellweißen Flecken, scharf grün umrandet; Zapfen kugelig; Borke rotbraun (Foto Seite 247).

Riesenlebensbaum. ▷

Walnußbaum

Juglans regia L.
(Walnußbaumgewächse)

Gestalt: Bis 25 m hoher Laubbaum, Stamm mit breiter, starkästiger, lockerer Krone. Triebe: Kahl, Mark quergefächert (Triebe längs schneiden!) Blätter: Wechselständige, unpaarige, 20–45 cm lange Fiederblätter mit 5–9 (meist 7) elliptischen Blättchen; diese 6–15 cm lang, ganzrandig, kahl,

Zweig mit jungen Früchten; die Blätter sind nach dem Austrieb oft kurze Zeit schwach rötlich.

das Endblättchen gestielt und größer als die seitlichen; zerrieben aromatisch riechend; später Laubaustrieb. Blüten (V; kurz vor oder mit dem Laubaustrieb): Einhäusig verteilt. ♂ in vielblütigen, dickwalzigen Kätzchen; diese an den Enden vorjähriger Triebe, 6–13 cm

♂ Blütenkätzchen (l); ♀ Blüten mit den großen, gekrümmten Narben (r).

lang, gelbgrün. ♀ zu 1–5 in ährigen Blütenständen an diesjährigen Trieben; mit je 2 großen, gekrümmten, roten oder weißlichen Narben. Früchte (IX, X): Einsamige, kugelige bis ovale Steinfrüchte, 4–5 cm groß; Fruchtschale glatt, grün, reif braun, aufplatzend. Steinkern (Nuß) verholzt, hart,

Früchte.

hellbraun, seicht gefurcht, kurz zugespitzt, enthält den eßbaren Samen. Rinde: Tief rissige, dunkelgraue Borke (Foto Seite 248). Verbreitung: Ursprüngliche Heimat Südosteuropa, Südwest- und Mittelasien. Im südlichen und westlichen Mitteleuropa intensiv kultiviert, stellenweise verwildert. Standort: Von der Ebene bis in mittlere Berglagen (selten über 800 m) in milder Klimalage (vor allem in Weinbaugebieten); verwildert in edellaubbaumreichen Misch-, vor allem Auwäldern (Rhein, Donau). Bevorzugt auf tiefgründigen, frischen, nährstoff- und kalkreichen Böden; gegen Winterkälte und Spätfröste empfindliche, tiefwurzelnde Lichtbaumart.

Walnußbäume entfalten ihr Laub erst, wenn andere Bäume bereits voll beblättert sind (oben); Walnußbaum im Sommer (unten). ▷

Schwarznußbaum

Juglans nigra L.
(Walnußbaumgewächse)

Gestalt: Bis 50 m hoher Laubbaum. Triebe: Kurzbehaart, Mark quergefächert. Blätter: Große,

Zweig des Schwarznußbaums.

25–60 cm lange, unpaarige Fiederblätter mit 11–23 schmal elliptischen, spitzen Blättchen; diese

Fiederblatt des Schwarznußbaums.

5–12 cm lang, fein gesägt, das Endblättchen kleiner als die mittleren; Blattstiel behaart. Früchte (IX, X): Kugelige Steinfrüchte, 4–5 cm groß; Fruchtschale aromatisch

Schwarznußbaum: Früchte.

duftend, dick, rauh, grün, nicht aufplatzend. Die schwarze, knochenharte, grob gefurchte Nuß enthält den eßbaren Samen. Rinde: Dunkelbraune, tieffurchige Borke (Foto Seite 248). Verbreitung: Östliches Nordamerika. In Mitteleuropa in Parks. Standort: Tiefgründige, nährstoffreiche Niederungsböden. Winterharte, aber spät- und frühfrostgefährdete Lichtbaumart.

Schuppenrinden-Hickory

Carya ovata K. Koch
(Walnußbaumgewächse)

Gestalt: Bis 35 m hoher Laubbaum. Triebe: Mark ungefächert. Blätter: Bis 35 cm lange, unpaarige Fiederblätter mit 5 elliptischen Blättchen; diese bis 17 cm lang, die vorderen drei deutlich größer als das untere Paar; am Rand fein gesägt, bewimpert. Blüten: ♂ Kätzchen zu dritt an einem Stiel. Frucht (IX): Kugelige, 4–6 cm große Steinfrüchte; Fruchthülle mit 4 Furchen, 4klappig aufplatzend. Nuß dünnschalig, kantig, weiß;

Schuppenrinden-Hickory: Fiederblatt (l); Früchte mit längs gefurchter Schale (r).

Samen süß. Rinde: Borke blättert mit schindelartigen Längsstreifen ab. Verbreitung: Östliches Nordamerika. In Mitteleuropa in Parks. Standort: Nährstoffreiche, frische Böden.

Schwarznußbaum. ▷

Götterbaum

Ailanthus altissima Swingle
(Bitterholzgewächse)

Gestalt: Raschwüchsiger, bis 25 m hoher Laubbaum. Blätter: Große, 40–60 (90) cm lange, unpaarige Fiederblätter mit 13–25 (41) schmal elliptischen Blättchen; diese 7–12 cm lang, im unteren Drittel

Fiederblätter des Götterbaums; Blättchen nahe der Basis mit einigen großen Zähnen.

wenige große, drüsentragende Zähne, sonst ganzrandig. Blüten (VI, VII): Zwittrig oder eingeschlechtig, oft zweihäusig verteilt. Kleine, grünweiße Blüten in aufrechten, bis 25 cm langen Rispen.

Büscheliger Fruchtstand des Götterbaums mit geflügelten Nüßchen.

Früchte (IX, X): Dichtgebüschelte, 3–5 cm lange Nüßchen; Samen in der Mitte eines zweiseitig verlängerten, gedrehten Flügels. Rinde: Glatt, hell längsstreifig (Foto Seite 248). Verbreitung: China. In Süd- und wärmeren Teilen Mitteleuropas häufiger Zierbaum, oft verwildert. Standort: Licht- und wärmebedürftig; sonst anspruchslos.

Kaukasische Flügelnuß

Pterocarya fraxinifolia Spach
(Walnußbaumgewächse)

Gestalt: Laubbaum (bis 20 m hoch) mit kuppelförmiger Krone.

Die Kaukasische Flügelnuß ist häufig mehrstämmig.

Blätter: 20–40 (60) cm lange, unpaarige Fiederblätter mit 11–25 schmal elliptischen Blättchen; diese 6–12 cm lang, am Rand gesägt; Blattstiel kahl. Blüten (IV, V): Einhäusig verteilt. ♂ und ♀ in Kätzchen; die ♂ 6–14 cm lang, dickwalzig, gelb, die ♀ bis 20 cm lang,

Kaukasische Flügelnuß: Zweig mit hängenden Fruchtständen.

grünlich. Früchte (X): 30–60 cm lange, hängende Fruchtstände; daran zahlreiche, 1,5–2,5 cm breite, hellgrüne Nüßchen mit 2 halbkreisförmigen Flügeln. Rinde: Dunkelgrau, längsfurchig (Foto Seite 248). Verbreitung: Kaukasus, Nordwestpersien. In Mitteleuropa Zierbaum. Standort: Bevorzugt in der Nähe von Gewässern auf frischen bis feuchten Böden; winterhart.

Götterbaum. ▷

Eberesche

Vogelbeere
Sorbus aucuparia L.
(Rosengewächse)

Gestalt: Bis 15 (20) m hoher, anfangs raschwüchsiger Laubbaum; Krone locker, rundlich; oft mehrstämmig. Knospen: Weißfilzig behaart, dunkelviolett, nicht klebrig.

Zweig.

Blätter: Wechselständige, 10–20 cm lange, unpaarige Fiederblätter mit 9–17 schmal elliptischen, spitzen Blättchen; diese 2–6 cm lang, am Rand scharf und grob gesägt; unterseits graugrün, behaart bis kahl; dunkelrote oder gelbe

Unpaariges Fiederblatt mit scharf gesägten Blättchen.

Herbstfärbung. Blüten (V, VI): In vielblütigen, schirmförmigen Doldenrispen, zwittrig, etwa 1 cm breit; 5zählige, doppelte Blütenhülle mit weißen Kronblättern, meist 3griffelig; unangenehm riechend. Früchte (VIII–X): In dichten Büscheln. 7–10 mm große, kugelige Apfelfrüchtchen (»Vogelbeere« ist im botanischen Sinne keine Beere), meist dreisamig, an-

Die weißen Blüten stehen in schirmförmigen Doldenrispen.

fangs gelb, später scharlachrot. Früchte bleiben bis weit in den Winter am Baum. Rinde: Glatt, glänzend grau, mit länglichen, quergestellten Lentizellen (Foto Seite 248); selten im unteren

Fruchtstand mit den kleinen Apfelfrüchtchen (»Vogelbeeren«).

Stammbereich alter Bäume Bildung einer dunkelgrauen, längsrissigen Borke. Verbreitung: Europa, Westsibirien, Kleinasien. Standort: Baum aller Höhenstufen; im Gebirge bis zur Waldgrenze (Inneralpen bis 2400 m). Laub- und Nadelwälder, Waldlichtungen, Weg- und Waldränder, Gebüsche. Anspruchslose Pionierbaumart, gedeiht auch auf mäßig trockenen, nährstoffarmen, sauren Böden; bestes Wachstum auf frischen, humosen Standorten. Unempfindlich gegen Frost, mäßig tief wurzelnde Licht- bis Halbschattbaumart. Häufig als Zierbaum gepflanzt. Ähnliche Art: Speierling (Seite 86).

Eberesche im Herbst. ▷

Speierling

Sorbus domestica L.
(Rosengewächse)

Gestalt: Bis 20 m hoher Laubbaum; Krone oval bis rundlich. Knospen: Kahl, mitunter an den Schuppenrändern schwach behaart, glänzend grün, meist klebrig. Blätter: Wechselständige, 12–22 cm lange, unpaarige Fiederblätter mit 11–21 schmal elliptischen, spitzen Blättchen; diese

Fiederblatt.

3–7 cm lang, scharf und grob gesägt; unterseits graugrün, meist weichfilzig behaart, Behaarung im Vergleich zur Eberesche dichter und weniger verkahlend; Herbstfärbung gelb. Blüten (V): In vielblütigen, schirm- bis kegelförmi-

Blüten in schirmförmigen Doldenrispen.

gen Doldenrispen. Zwittrig, etwa 1,5 cm breit; 5zählige, doppelte Blütenhülle mit weißen bis schwach rötlichen Kronblättern; meist 5griffelig. Früchte (IX–XI): Kugelige oder birnförmige Apfelfrüchtchen; 1,5–3 cm lang (größer als bei der Eberesche), meist fünfsamig, anfangs grün, reif gelb bis braun, rotwangig, hell gepunktet. Voll ausgereift eßbar, fad herb schmeckend (hoher Gerbsäuregehalt; früher als Zusatz zum Apfelmost verwendet). Rinde: Anfangs durch runde Lentizellen rauh; frühe Bildung einer graubraunen,

Reife, rotwangige Apfelfrüchtchen.

durch Längs- und Querrisse feingefelderten Borke (Foto Seite 248). Verbreitung: Südwestliches Mitteleuropa, Südeuropa, Kleinasien, Nordafrika. Standort: Hauptvorkommen im submediterranen Klimabereich. Wärmeliebend; nördlich der Alpen; meist in Eichenmischwäldern der Weinbaugebiete; in alten Obstgärten gepflanzt. Mäßig trockene bis frische, kalkreiche, nährstoffreiche Böden. Spätfrostempfindliche, tiefwurzelnde Halbschattbaumart. Ähnliche Art: Eberesche (Seite 84). An den Blättern lassen sich beide Arten kaum, an den Knospen, Früchten und der Rinde aber gut unterscheiden.
Hinweis: Der Speierling ist selten geworden; eine der Ursachen dafür ist die schwierige Nachzucht aus Samen, da die Früchte keimhemmende Stoffe enthalten. Auf natürlichem Weg geschieht ihr Abbau im Darm früchteverzehrender Vögel.

Am borkigen Stamm, den Knospen und Früchten läßt sich der Speierling sicher von der ähnlichen Eberesche unterscheiden. ▷

Gemeiner Goldregen

Laburnum anagyroides Medik.
(Hülsenfrüchtler)

Gestalt: Strauch oder bis 9 m hoher Baum. Blätter: Wechselständige (an Kurztrieben auch gebüschelte), langgestielte, 3zählige Fiederblätter; Blättchen elliptisch,

Kleeblattähnliche Fiederblätter des Goldregens.

3–6 cm lang, ganzrandig; unterseits hell- bis graugrün, fein behaart. Blüten (V, VI): Gelbe Schmetterlingsblüten in 10–20 cm langen, hängenden Trauben. Früchte (VIII, IX): 4–8 cm lange Hülsen, anfangs seidig behaart, reif mattbraun und meist kahl. Rinde: Glatt, grünlichbraun (Foto Seite 248). Verbreitung: Südosteuropa, Südalpen, Südfrankreich. In Mitteleuropa Ziergehölz, gelegentlich verwildert. Standort: Sonnige Wälder und Gebüsche (bis 2000 m); mäßig trockene, kalk- und nährstoffreiche Böden. Ähnliche Art: Beim Alpen-Goldregen *(Laburnum alpinum)* sind Blattunterseite und junge Frucht spärlich behaart oder kahl.
Hinweis: Beide Goldregen enthalten das giftige Alkaloid Cytisin.

Silberakazie

»Mimose«
Acacia dealbata Link
(Hülsenfrüchtler)

Gestalt: In Europa bis 20 m hoher, immergrüner Laubbaum. Blätter: Wechselständig; doppelt gefiedert, 8–14 cm lang. 10–18 Fiederpaare erster Ordnung; jede dieser Fiedern aus vielen, 3–4 mm großen, länglichen, silbrig behaarten Blättchen zusammengesetzt. Blüten (I–IV): In kleinen, kugeligen

Zweig der Silberakazie.

Köpfchen; diese, zu Rispen vereinigt; leuchtend gelb, duftend.

Silberakazie: doppelt gefiedertes Blatt (l); zu Rispen vereinigte, kopfige Blütenstände.

Früchte: Rotbraune Hülsen. Verbreitung: Südöstliches Australien. In Südeuropa Zierbaum; in Mitteleuropa nicht winterhart.

Blühender Goldregen. ▷

Robinie

Scheinakazie
Robinia pseudoacacia L.
(Hülsenfrüchtler)

Gestalt: Raschwüchsiger, bis 25 m hoher, sparrig verzweigter Laubbaum; Stamm meist krumm, Krone locker, abgerundet. Triebe: Kantig gerieft, mit paarigen Dornen. Blätter: Wechselständig.

Zweig.

20–30 cm lange, unpaarige Fiederblätter mit 9–19 elliptischen, dünnen Blättchen; diese 3–5 cm lang, ganzrandig, an beiden Enden rund. Blattstiel an der Basis mit 2 kräftigen Dornen (umgewandelte Nebenblätter). Später Laubaustrieb. Blüten (V, VI): Weiße, 1,5–2,5 cm große, zwittrige

Unpaarige Fiederblätter mit den zarten, dünnen Blättchen.

Schmetterlingsblüten in 10–20 cm langen, hängenden Trauben; angenehm und intensiv duftend, sehr nektarreich (wertvolle Bienenweide). Früchte (X, XI): 5–11 cm lange, flache Hülsen, braun, ledrig, mit 4–10 braunen Samen. Geöff-

Hängende Blütentrauben (l); Fruchtstand mit flachen, ledrigen Hülsen (r).

nete Hülsen bleiben bis ins nächste Jahr am Baum. Rinde: Frühe Bildung einer dicken, hellgrauen bis graubraunen, tiefgefurchten Borke (Foto Seite 248). Verbreitung: Östliches und mittleres Nordamerika. In Europa als Zier- wie Waldbaum einer der weitest verbreiteten, fremdländischen Baumarten. Standort: Warme Lagen des Tief- und Hügellandes. Anspruchslos; auf frischen, nährstoffreichen Lehmböden wie auf trockenen, armen Sanden; meidet vernäßte Standorte. Weitgehend winterfrostharte, aber frühfrostgefährdete Licht- und Pionierbaumart, häufig auf Ödland; sehr intensiv wurzelnd; Bildung von Wurzelbrut, dadurch geeignet zur Bodenbefestigung (Böschungen, Halden); ist in der Lage, mittels Wurzelbakterien Luftstickstoff zu binden; Laubstreu sehr stickstoffreich, dadurch bodenverbessernde Wirkung.
Hinweis: Die meisten Teile der Robinie sind giftig.

Blick in die Krone; auch stärkere Äste bilden die charakteristische Borke (oben); blühender Baum (unten). ▷

Gleditschie

Gleditsia triacanthos L.
(Hülsenfrüchtler)

Gestalt: Bis 30 m hoher Laubbaum. Triebe: Ältere Triebe mit scharfen, einfachen oder verzweigten Dornen. Blätter: Wechselstän-

Zweig der Gleditschie.

dig. Einfach oder doppelt gefiedert; die einfach gefiederten 10–20 cm lang mit 16–30 länglich eiförmigen Blättchen; diese 1,5–3,5 cm lang, Blattrand schwach gekerbt; die doppelt gefiederten bis 30 cm lang, mit 6–12 Fiedern erster Ordnung.

Gleditschie: Fiederblatt (l); Früchte (r).

Herbstfärbung goldgelb. Blüten (VI, VII): Einhäusig verteilt; eingeschlechtig oder zwittrig. In traubigen Blütenständen; Einzelblüte unscheinbar, radiär mit 3–5 Blütenblättern. Früchte (X): 20–40 cm lange, dunkelbraune, oft spiralig gedrehte Hülsen; Samen in süßlichen Fruchtbrei gebettet. Rinde: Graue bis schwärzliche, flachrissige Schuppenborke mit einfachen

Dornig bewehrter Stamm der Gleditschie.

oder verästelten, bis 20 cm langen Dornen. Verbreitung: Mittleres Nordamerika. In Mitteleuropa in Parks. Standort: Kalkreiche, feuchte, seltener auch trockene Böden; anspruchslos; weitgehend winterhart.

Geweihbaum

Gymnocladus dioicus K. Koch
(Hülsenfrüchtler)

Gestalt: Bis 25 m hoher, dornenloser Laubbaum. Blätter: Doppelt gefiedert, bis 90 cm lang; Blättchen eiförmig mit langer Spitze, 3–7 cm lang, ganzrandig. Blüten (V, VI): Vorwiegend zweihäusig verteilt. In endständigen Rispen; grünweiß. Früchte: 10–20 cm lange, dunkelbraune Hülsen, im Win-

Geweihbaum: Zweig mit doppelt gefiederten Blättern.

ter ungeöffnet abfallend. Verbreitung: Mittleres Nordamerika. In Mitteleuropa weitgehend winterharter Parkbaum.

Gleditschie. ▷

Johannisbrotbaum

Ceratonia siliqua L.
(Hülsenfrüchtler)

Gestalt: Bis 10 m hoher, immergrüner Laubbaum mit kurzem, an der Basis oft knorrig verbreitertem Stamm und dicht belaubter, kugeliger Krone. Blätter: Wechselständig. 10–20 cm lange, paarige Fiederblätter mit 6–10 ovalen Blättchen; diese 3–7 cm lang, ganzrandig, an der Spitze oft ausgerandet,

Paariges Fiederblatt des Johannisbrotbaums mit derb ledrigen Blättchen.

derb ledrig; oberseits glänzend dunkelgrün. Blüten (VIII–X): Einhäusig verteilt. Blütenstände an älteren Zweigen, trauben- oder kätzchenförmig, aufrecht; Einzelblüte unscheinbar, Blütenhülle ohne Krone, ♂ mit 5 Staubblättern.

Aufrechte ♂ Blütenstände des Johannisbrotbaums; jede Einzelblüte hat 5 Staubblätter.

Früchte: 10–20 cm lange Hülsen, unreif grün, reif schwarzbraun; eßbar, Fruchtfleisch süß, anfangs weich, später verhärtend; häufig als Viehfutter verwendet. Verbreitung: Ursprünglich östliches Mittelmeergebiet; als alte Kulturpflanze im gesamten mediterranen Raum verbreitet. Standort: Hartlaubwälder trockener, steiniger Hänge, meist auf Kalk. In Mitteleuropa nicht winterhart.

Johannisbrotbaum: Zweig mit dunkelbraunen Hülsenfrüchten.

Schnurbaum

Sophora japonica L.
(Hülsenfrüchtler)

Gestalt: Rundkroniger, bis 25 m hoher Laubbaum. Triebe: Bleiben einige Jahre grün. Blätter: Wechselständig. 15–25 cm lange, unpaarige Fiederblätter mit 7–15 kurzgestielten, länglichen bis eiförmigen Blättchen; diese 3–5,5 cm lang, kurz grannenspitzig, ganzrandig; oberseits dunkelgrün, unten fein behaart, graugrün. Blüten (VII, VIII): In 15–30 cm langen, aufrechten Rispen; Einzelblüte 1–2 cm lang, gelbweiß. Früchte: 5–8 cm lange Hülsen, durch Einschnürungen zwischen den Samen (bis 6) rosenkranzartig gegliedert. Verbreitung: Korea, China. In Mitteleuropa winterharter Zierbaum.

Johannisbrotbaum (oben); Blühender Zweig des Schnurbaums (unten). ▷

Eschen-Ahorn

Acer negundo L.
(Ahorngewächse)

Gestalt: Mittelgroßer, raschwüchsiger, bis 20 m hoher Laubbaum, kurz- oder mehrstämmig mit unregelmäßig breiter, lockerer Krone, Zweige zur Spitze hin oft überhängend. Triebe: Erbsengrün, bereift.

Zweig.

Blätter: Gegenständig. Langstielige, 15–25 cm lange, unpaarige Fiederblätter mit 3–7 (meist 5) dünnen, länglich eiförmigen Blättchen; diese 5–10 cm lang, zugespitzt, unregelmäßig grob gesägt oder seltener ganzrandig, das End-

Gegenständig verzweigter Trieb; die Triebe sind oft erbsengrün und mit abwischbarem Reif überzogen.

blättchen mitunter tief gespalten 3lappig; hellgrün (siehe Hinweis). Blüten (III, IV, meist vor dem Laubaustrieb): Zweihäusig verteilt. Gelbgrün; ♂ in dichten Büscheln; ♀ in hängenden Trauben. Früchte: (VII, VIII): Geflügelte Spaltfrüchte mit schlanken Nüßchen; reif blaßgelb; Fruchtflügel bilden spitzen Winkel und sind bo-

Fiederblatt (l); die Flügel der Spaltfrüchte sind bogig gekrümmt (r).

gig nach innen gekrümmt. Reife Früchte bleiben bis in den Winter am Baum. Rinde: Graubraune, eng flachrissige Borke. Verbreitung: Mittleres und östliches Nordamerika. In Mitteleuropa häufiger Park- und Gartenbaum, gelegentlich verwildert. Standort: Von Natur aus in Gewässernähe auf feuchten bis anmoorigen Böden; darüber hinaus auch auf anderen, nicht zu trockenen Standorten weit verbreitet; winterharte, gegen Luftverschmutzung relativ unempfindliche Lichtbaumart.

Zweig der beliebten Zierform 'Variegatum'.

Hinweis: Vom Eschen-Ahorn existieren viele Gartenformen. Beliebt ist die Form 'Variegatum' mit unregelmäßig breit weiß gerandeten Blättern (Panaschierung).

Eschen-Ahorn. ▷

Gemeine Roßkastanie

Aesculus hippocastanum L.
(Roßkastaniengewächse)

Gestalt: Bis 30 m hoher Laubbaum mit breitgewölbter, dichter Krone und kurzem, drehwüchsigem Stamm. Knospen: Groß, glänzend rotbraun, klebrig. Blätter: Gegenständig. Langgestielt; handförmig

Gemeine Roßkastanie: Blätter im Herbst.

gefiedert mit 5–7 länglich verkehrt eiförmigen, sitzenden Blättchen; diese bis 25 cm lang, am Rand doppelt gesägt; oberseits dunkelgrün, unterseits hellgrün. Herbstfärbung gelb. Blüten (V, VI; nach dem Laubaustrieb): In großen (20–30 cm), aufrechten, vielblütigen Rispen. Zwittrig oder ein-

Blütenrispe der Gemeinen (l) und der Rotblühenden Roßkastanie (r).

geschlechtig; 5 (4) weiße Kronblätter mit am Grunde gelbem, später rotem Fleck (Saftmal); meist 7 lange, gebogene Staubblätter. Früchte (IX, X): Kugelige, bis 6 cm große Kapseln mit dicker, grüner, derbstacheliger Schale. Samen (1–3) groß, glänzend dunkelbraun mit

Blatt der Rotblühenden Roßkastanie.

grauem Nabel. Rinde: Anfangs glatt; Borke graubraun, dünnschuppig (Foto Seite 248). Verbreitung: Balkan (Albanien, Nordgriechenland, Bulgarien). In Mitteleuropa eingebürgert, beliebter Zierbaum, gelegentlich auch im Wald gepflanzt und verwildert. Standort: Schattige, feuchte Berg- und Schluchtwälder; nährstoffreiche, tiefgründige, frische Sand- oder Lehmböden. Winterharte, flach wurzelnde Halbschattbaumart.

Derbstachelige Früchte der Gemeinen Roßkastanie (l); Einzelfrucht der Rotblühenden Roßkastanie (r).

Ähnliche Art: Rotblühende Roßkastanie *(Aesculus x carnea = Ae. hippocastanum x Ae. pavia)*. Unterschiede zur Gemeinen Roßkastanie: Blätter: Blättchen meist etwas kleiner, derber, dunkler; oft kurzgestielt. Blüten: Rot. Früchte: Kleiner und weniger bis kaum stachelig. Verbreitung: Nur als Zierbaum in Parks und Gärten.

Gemeine Roßkastanie: Kurz vor dem Laubaustrieb (oben), in voller Blüte (unten). ▷

Gewöhnliche Esche

Fraxinus excelsior L.
(Ölbaumgewächse)

Gestalt: Bis 30 (40) m hoher Laubbaum mit runder oder ovaler Krone; im geschlossenen Bestand lan-

Zweig.

ge, astfreie Stämme. Knospen: Matt schwarz. Blätter: Gegenständig. Bis 35 cm lang; unpaarig gefiedert mit 9–15 Blättchen; diese schmalelliptisch, spitz; 4–10 cm lang, sitzend, nur das Endblättchen gestielt; am Rand fein gesägt.

Fiederblatt mit sitzenden Blättchen (l); Erkennungsmerkmal im Winter: matt schwarze Knospen, hier die große Endknospe mit zwei gegenständigen Seitenknospen in den Achseln der Blattstiele (r).

Später Laubaustrieb; Blätter im Herbst grün abfallend. Blüten (IV, V, vor dem Laubaustrieb): Ein- oder zweihäusig verteilt, zwittrig oder eingeschlechtig. In vielblütigen, anfangs aufrechten, später überhängenden Rispen an den Spitzen vorjähriger Triebe. 2 (3) braunrote bis violette Staubblätter; Fruchtknoten mit zweilap-

Die kleinen Blütenstände erscheinen vor den Blättern.

piger Narbe. Früchte (VIII–X): Zungenförmig geflügelte Nußfrüchte in büschelig hängenden Rispen; 2–4 cm lang, braun. Bleiben reif noch längere Zeit am Baum. Rinde: Anfangs hellgrau, glatt; dunkle, dicht längsrissige Borke (Foto Seite 248). Verbrei-

In Büscheln hängende, zungenförmig geflügelte Früchte vor (l) und nach der Reife (r).

tung: Europa, Kleinasien. Standort: Laubmischwälder von der Ebene bis in mittlere Berglagen (Alpen bis 1300 m); flußbegleitend in der feuchten Hartholzaue, entlang kleiner Wasserläufe im Bach-Eschenwald und in Schluchtwäldern. Bestes Wachstum auf frischen bis feuchten, tiefgründigen, nährstoff- und kalkreichen (aber auch kalkarmen) Böden; oft aber auch auf flachgründigen, trockenen Kalkstandorten. Beliebter Park- und Straßenbaum. Spätfrostempfindliche, tief wurzelnde Halbschattbaumart. Ähnliche Arten: Blumenesche, Schmalblättrige Esche (Seite 102).

Sommer- und Winterhabitus. ▷

Blumenesche

Manna-, Schmuckesche
Fraxinus ornus L.
(Ölbaumgewächse)

Gestalt: Bis 20 m hoher, meist mehrstämmiger Laubbaum. Knospen: Graubraun, filzig. Blätter: Gegenständig. Bis 30 cm lang; un-

Zweig der Blumenesche.

paarig gefiedert mit 7–9 schmal elliptischen, spitzen Blättchen; diese 4–8 cm lang, mit kurzem, oft behaartem Stiel; am Rand fein ge-

Blumenesche: graubraune Knospen (l); Fiederblatt mit kurzgestielten Blättchen (r).

sägt. Blüten (IV–VI, mit dem Laubaustrieb): Zwittrig, selten auch eingeschlechtig. In großen, aufrechten oder überhängenden, endständigen Rispen; 4 schmale, weiße Kronblätter. Intensiv duftend. Früchte (VIII–X): Ähnlich denen der Gewöhnlichen Esche, aber etwas kleiner (2–3 cm lang), dunkelbraun. Rinde: Foto Seite 248. Verbreitung: Südeuropa (bis zum Südalpenrand), Kleinasien. Nördlich der Alpen als Zierbaum. Standort: Submediterrane Laubmisch- und Buschwälder

Blüten- (l) und Fruchtstand (r) der Blumenesche.

(häufig mit Hopfenbuche, Flaum- und Steineiche) sonniger Felshänge, vorwiegend auf Kalk. Wärmeliebende Lichtbaumart. Ähnliche Arten: Gewöhnliche Esche (Seite 100), Schmalblättrige Esche.
Hinweis: »Manna« ist der an Luft erstarrte, mannithaltige Blutungssaft der Blumenesche. Er dient als Rohstoff für Arzneimittel und wird vor allem in Süditalien durch Anritzen der Bäume gewonnen.

Schmalblättrige Esche

Fraxinus angustifolia Vahl
(Ölbaumgewächse)

Unterschiede zur Gewöhnlichen Esche: Knospen dunkelbraun; Fiederblättchen meist lanzettlich; Blüten- und Fruchtstände traubig.

Zweig der Schmalblättrigen Esche.

Verbreitung: Süd-, Südosteuropa, Nordafrika, Kleinasien. In Mitteleuropa gelegentlich in Parks. Standort: Meist in Auwäldern.

Blumenesche (oben); Schmalblättrige Esche (unten). ▷

Schwarzer Holunder

Sambucus nigra L.
(Geißblattgewächse)

Gestalt: Bis 10 m hoher, krummwüchsiger, breitkroniger Laubbaum oder Strauch; Zweige bogig überhängend. Triebe: Graubraun, mit vielen Korkwarzen (Lentizellen); Mark weiß. Blätter: Gegenständig. Bis 30 cm lange, unpaarige Fiederblätter mit 5 (3–7) eiförmig elliptischen Blättchen; diese

Zweig des Schwarzen Holunders.

bis 12 cm lang, spitz, am Rand gesägt; Zerrieben mit unangenehmem Geruch. Früher Laubaustrieb (III, IV). Blüten (V, VI): In endständigen, vielblütigen Doldenrispen. Zwitterblüten 5zählig, 6–10 mm breit, Blütenhülle doppelt mit gelb- bis reinweißen,

Schwarzer Holunder: Die Blüten stehen in schirmförmigen Doldenrispen.

radförmig ausgebreiteten Kronblättern. Intensiv duftend. Früchte (IX, X): Kugelige, 5–8 mm große, beerenartige Steinfrüchte mit meist 3 Kernen; reif glänzend schwarz, saftig; eßbar. Fruchtstiele rot. Rinde: Grob längs gefurchte, graubraune Borke (Foto Seite 248). Verbreitung: Fast ganz Europa, Westsibirien, Kaukasus, Kleinasien. Standort: Von der Ebene bis in mittlere Gebirgslagen (Alpen bis 1500 m) auf Waldlichtungen, an Wald- und Wegrändern, in Gebüschen. Auf frischen, humosen, nährstoffreichen, tiefgründigen Böden; häufig an extrem stickstoffreichen Orten (stickstoffweisende Pflanze). Der Blüten und Früchte wegen seit alters her in Kultur. Flach wurzelnde Licht- bis Halbschattbaumart. Ähnliche Art: Trauben-Holunder *(Sambucus racemosa L.)*. Unterschiede zum Schwarzen Holunder: Gestalt: Bis 4 m hoher Strauch. Triebe: Mark hellbraun. Blätter: Schmal elliptische Blättchen. Blüten: In Rispen; gelbgrün. Früchte: Rot.

Reife Fruchtstände des Schwarzen Holunders.

Trauben-Holunder: eiförmige Blütenrispen (l); scharlachrote Steinfrüchte (r).

Während der Schwarze Holunder durchaus ein Baum werden kann (oben), bleibt der Trauben-Holunder (auch Hirschholunder genannt) stets strauchförmig (unten). ▷

Bergahorn

Acer pseudoplatanus L.
(Ahorngewächse)

Gestalt: Bis 35 m hoher Laubbaum mit dichter, starkästiger, kugeliger Krone. Blätter: Gegenständig. Größe variiert stark; Stiel bis 20 cm lang, ohne Milchsaft; Spreite 10–20 cm lang und etwa ebenso

Zweig.

breit; mit 5 eiförmigen, spitzen Lappen, Buchten dazwischen keilförmig spitz; Rand unregelmäßig gesägt oder gekerbt; oberseits matt dunkelgrün, unterseits heller, graugrün, anfangs behaart, bis auf die Nervenwinkel verkahlend. Herbstfärbung goldgelb. Blüten (V, mit dem Laubaustrieb): In hängenden,

Das handförmig gelappte Bergahornblatt mit den keilförmig spitzen Buchten.

vielblütigen, 5–15 cm langen Rispen. Zwittrig oder eingeschlechtig; 5zählige, doppelte, freiblättrige Blütenhülle, gelbgrün. Früchte (IX, X): Geflügelte Spaltfrüchte mit 2 kugeligen Nüßchen; Flügel der beiden 3–5 cm langen Teilfrüchte stehen im spitzen Winkel zueinander; reif trennen sich die Teilfrüchte. Rinde: Anfangs grau-

Hängende Blütenrispe (l); gebüschelte, unreife Spaltfrüchte (r).

braun, glatt; späte Bildung einer graubraunen, rötlich gefleckten Borke, von der sich flache Schuppen ablösen (Foto Seite 248). Verbreitung: Gebirge Mittel-, Süd- und Südosteuropas; Kaukasus. Standort: Häufig in montanen, buchenreichen Mischwäldern und schattigen Schluchtwäldern; seltener im subalpinen Fichtenwald (Alpen bis 1700 m); bevorzugt auf tiefgründigen, frischen bis feuchten, humus-, nährstoff- und basenreichen Böden in kühl luftfeuchten Lagen; empfindlich gegen Staunässe. Mäßig tief wurzelnde Halbschattbaumart. Als Straßen-, Park- und Gartenbaum weit verbreitet, häufig forstlich angebaut. Ähnliche Art: Spitzahorn (Seite 108), Griechischer Ahorn (Seite 112).

Bergahorn im ausgehenden Winter (oben) und kurz nach dem Laubaustrieb (unten). ▷

Spitzahorn

Acer platanoides L.
(Ahorngewächse)

Gestalt: Bis 25 (35) m hoher Laubbaum mit dichter, starkästiger, kugeliger Krone. Blätter: Gegenständig. Größe variiert stark; Stiel bis 17 cm lang, Milchsaft führend;

Langspitzig gezähnte Blätter.

Spreite 8–17 cm lang, 10–20 cm breit; mit 5–7 fein langspitzig gezähnten Lappen, Buchten dazwischen abgerundet; beidseitig schwach glänzend, hellgrün, bis auf die Nervenwinkel der Unterseite kahl. Herbstfärbung gelb bis

Laubaustrieb: Die Knospe hat sich geöffnet, die gegenständigen Knospenschuppen sind zurückgeschlagen, der Trieb beginnt sich zu strecken, die Blätter werden entfaltet.

gelbrot. Blüten (IV, V, vor dem Laubaustrieb): In endständigen, aufrechten, vielblütigen Doldenrispen. Zwittrig oder eingeschlechtig; 5zählige, doppelte, freiblättrige Blütenhülle, gelbgrün. Früchte (IX, X): Geflügelte Spaltfrüchte mit 2 flachen Nüßchen; Flügel der beiden 4–5 cm langen Teilfrüchte

Die Blütenstände sind aufrecht.

stehen stumpfwinklig bis waagerecht zueinander. Rinde: Anfangs hellgrau, glatt; Borke dunkelgrau bis schwärzlich, dicht längsrissig, nicht abschuppend. Verbreitung: Weite Teile Europas, Kaukasus, Kleinasien. Standort: Von der Ebene bis in mittlere Gebirgslagen (Alpen bis 1100 m); eingesprengt in Laubmischwäldern (Eichen-Hainbuchenwald, Eichen-Ulmen-Auwald, Linden-Ahornwald,

Die Spaltfrucht des Ahorns ist aus zwei einsamigen Flügelfrüchten zusammengesetzt, die sich zur Reife trennen. Die Flügel des Spitzahorns stehen stumpfwinklig bis waagerecht zueinander.

Schluchtwälder); bevorzugt auf frischen bis feuchten, nährstoffreichen, lockeren Lehmböden. Mäßig tief wurzelnde Halbschattbaumart. Als Straßen-, Park- und Gartenbaum weit verbreitet. Ähnliche Arten: Bergahorn (Seite 106), Zuckerahorn (Seite 112).

Blühender Baum (oben); Blick in eine starkästige Krone (unten). ▷

Feldahorn

Acer campestre L.
(Ahorngewächse)

Gestalt: Bis 12 (20) m hoher, rundkroniger Laubbaum. Blätter: Gegenständig. Stiel Milchsaft führend; Spreite 4–8 cm lang, 5–10 cm breit; mit 5 (selten 3) stumpfen

Ältere Zweige des Feldahorns haben oft deutliche Korkleisten (l); belaubter Zweig (r).

Lappen, die 3 vorderen oft ihrerseits schwach gelappt; Herbstfärbung gelb oder rot. Blüten (IV, V, mit dem Laubaustrieb): In aufrechten bis überhängenden Rispen. Zwittrig oder eingeschlech-

Blütenstände des Feldahorns.

tig; 5zählige, doppelte, freiblättrige Blütenhülle, gelbgrün. Früchte (VIII, IX): Geflügelte Spaltfrüchte mit 2 flachen Nüßchen; Flügel der beiden Teilfrüchte annähernd waagerecht. Rinde: Anfangs braun, glatt, Zweige häufig mit Korkleisten; Borke graubraun, feinrissig rechteckig gefeldert (Foto Seite 248). Verbreitung: Europa, Nordafrika, Kleinasien, Kaukasus. Standort: Laubmischwälder der Ebene und des Hügellandes, Waldränder, Hecken, Gebüsche;

Die Flügel reifender Feldahornfrüchte sind häufig rot überlaufen.

etwas wärmeliebend; mäßig trokkene bis frische, nährstoffreiche Böden, oft auf Kalk. Mäßig tief wurzelnde Halbschattbaumart. Ähnliche Art: Französischer Ahorn.

Französischer Ahorn

Acer monspessulanum L.
(Ahorngewächse)

Gestalt: Strauch oder bis 10 m hoher Laubbaum. Blätter: Gegenständig; derb. Stiel ohne Milchsaft; Spreite 3–6 cm lang, 4–8 cm breit; mit 3 eiförmigen, ganzrandigen Lappen. Früchte (VIII, IX): Geflügelte Spaltfrüchte mit 2 kugeligen Nüßchen; Fruchtflügel

Französischer Ahorn: Zweig (l); Spaltfrucht mit annähernd parallelen Flügeln (r).

stehen spitzwinklig bis parallel zueinander. Verbreitung: Mittelmeergebiet, südliches Mitteleuropa, von Ostfrankreich bis zum Mittelrhein. Standort: Wärmeliebende Laubmischwälder, trockene Felsgebüsche. Ähnliche Art: Feldahorn.

Feldahorn mit Früchten im Spätherbst. ▷

Zuckerahorn

Acer saccharum Marsh.
(Ahorngewächse)

Gestalt: Bis 35 m hoher Laubbaum mit runder Krone. Blätter: Gegenständig. 8–15 cm lang, etwa ebenso breit; 5lappig, Lappen zugespitzt, mit wenigen großen Zähnen; Buchten abgerundet; Stiele ohne

Die Blattlappen des Zuckerahorns haben lang ausgezogene Spitzen und wenige, große Zähne; die Buchten dazwischen sind rund.

Milchsaft. Herbstfärbung gelborange bis rot. Blüten (IV, V, mit dem Laubaustrieb): Eingeschlechtig; hängen gebüschelt an langen, schlaffen Stielen; Kelch glockig, gelbgrün; Kronblätter fehlend. Früchte (VIII, IX): Geflügelte Spaltfrüchte mit kugeligen Nüßchen; Fruchtflügel stehen spitzwinklig bis parallel zueinander. Rinde: Graue, rissige Borke (Foto Seite 248). Verbreitung: Östliches und mittleres Nordamerika. In Mitteleuropa in Parks. Standort: Nährstoffreiche, feuchte, lehmige Böden; extreme Schattbaumart, winterhart. Ähnliche Art: Spitzahorn (Seite 108).
Hinweis: Aus dem zuckerreichen Blutungssaft des Zuckerahorns wird Ahornsirup (Maple syrup) gewonnen.

Griechischer Ahorn

Acer heldreichii Orph.
(Ahorngewächse)

Gestalt: Kleiner, bis 15 m hoher Laubbaum. Blätter: Gegenständig. Bis 14 cm lang und etwa ebenso breit; tief, oft fast bis zum Grunde

Zweig des Griechischen Ahorns.

eingeschnitten 5lappig; am Rand unregelmäßig grob gesägt; oberseits sattgrün, unterseits hell gelb- bis graugrün, mehr oder weniger behaart. Herbstfärbung gelb.

Meist sind die Blätter des Griechischen Ahorns tiefer eingeschnitten als hier zu sehen.

Früchte (VIII, IX): Geflügelte Spaltfrüchte mit kugeligen Nüßchen; Fruchtflügel stehen spitzwinklig, selten auch fast parallel zueinander. Verbreitung: Griechenland, Balkan. In Mitteleuropa gelegentlich in Parks. Standort: Bergwälder. Ähnliche Art: Bergahorn (Seite 106).

Zuckerahorn. ▷

Silberahorn

Acer saccharinum L.
(Ahorngewächse)

Gestalt: In der Heimat bis 35 m, in Mitteleuropa höchstens 20 m hoher, oft mehrstämmiger Laubbaum mit unregelmäßig gebauter Krone;

Zweig des Silberahorns kurz nach der Laubentfaltung.

Äste steil ansteigend, Zweigspitzen meist überhängend. Blätter: Gegenständig. Stiel ohne Milchsaft; Spreite 8–16 cm lang, meist etwas weniger breit; tief eingeschnitten 5lappig; Lappen langspitzig, tief und doppelt gesägt bis gelappt;

Das Blatt des Silberahorns ist tief eingeschnitten 5lappig.

unterseits silberweiß. Blüten (II–IV, vor dem Laubaustrieb): Eingeschlechtig; ♂ und ♀ in getrennten, kurzstieligen, dichten Büscheln, gelbgrün. Früchte (V, VI): Geflügelte, hellbraune Spaltfrüchte mit länglichen Nüßchen; Flügel der beiden 3,5–6 cm langen Teilfrüchte meist säbelförmig gebogen, mehr oder weniger rechtwinklig spreizend. Verbreitung: Östliches und mittleres Nordamerika. In Mitteleuropa beliebter Park- und Straßenbaum. Standort: Entlang von Gewässern auf feuchten, zeitweilig überschwemmten Niederungsböden; winterharte Lichtbaumart.

Kolchischer Ahorn

Acer cappadocicum Gled.
(Ahorngewächse)

Gestalt: Mittelgroßer, bis 20 m hoher Laubbaum. Blätter: Gegen-

Kolchischer Ahorn: Die ganzrandigen Blattlappen sind lang zugespitzt.

Fruchtstand des Kolchischen Ahorns.

ständig. Spreite 8–14 cm breit; mit 5–7 langspitzigen, ganzrandigen Lappen. Früchte (X): Fruchtflügel stumpfwinklig, mitunter fast waagerecht spreizend. Verbreitung: Kaukasus, Westasien bis Himalaja, Westchina. In Mitteleuropa gelegentlich in Parks. Standort: Laubmischwälder, Waldränder.

Der Silberahorn ist meist mehrstämmig. ▷

Fächerahorn

Acer palmatum Thunb.
(Ahorngewächse)

Gestalt: Kleiner, bis 8 (15) m hoher, rundkroniger Laubbaum; die zahlreichen Gartenformen meist strauchförmig. Blätter: Gegenständig. Form und Farbe sehr veränderlich; im typischen Fall bis 10 cm lang, etwa ebenso breit; mit

Fächerahorn: Zweig mit junger Frucht.

5–7 (9) eilanzettlichen, fein gesägten Lappen und tiefen Buchten; frischgrün. Herbstfärbung gelb bis purpurrot. Früchte (X, XI): Geflügelte Spaltfrüchte; Flügel der beiden Teilfrüchte stehen stumpfwinklig, mitunter annähernd waage-

Früchte einer rotblättrigen Form des Fächerahorns.

recht zueinander. Rinde: Foto Seite 249. Verbreitung: China, Japan, Korea. In Mitteleuropa beliebtes und weit verbreitetes Ziergehölz. Standort: Bevorzugt auf nährstoffreichen, nicht zu feuchten Böden; winterhart.
Hinweis: Vom Fächerahorn gibt es viele Gartenformen. Häufig sind die Sorten 'Atropurpureum' (Blätter dunkel- bis fast schwarzrot) und 'Dissectum' (Blätter bis zum Grunde eingeschnitten; Lappen sehr schmal, fast fadenförmig, fiederteilig).

Amurahorn

Feuerahorn
Acer ginnala Maxim.
(Ahorngewächse)

Gestalt: Strauch oder kleiner, höchstens 6 m hoher Baum. Blätter: Gegenständig. 4–9 cm lang, 3–6 cm breit; 3lappig oder gelegentlich undeutlich 5lappig, Mittellappen mit lang ausgezogener Spitze, stets viel größer als die seitlichen; Blattrand doppelt gesägt.

Amurahorn: Zweig mit Früchten.

Leuchtend rote Herbstfärbung. Früchte (VII, VIII): Flügel der Spaltfrüchte stehen spitzwinklig bis parallel zueinander. Verbreitung: China, Japan, Korea, Mandschurei. In Mitteleuropa winterhartes Ziergehölz.

Vom Fächerahorn werden verschiedene rotblättrige Zierformen kultiviert; unten die Sorte 'Dissectum Ornatum'. ▷

Kreuzdorn

Rhamnus catharticus L.
(Kreuzdorngewächse)

Gestalt: Sparriger Strauch oder kleiner, bis 8 m hoher, rundkroniger Laubbaum. Triebe: Enden häufig in Dornen. Blätter: Gegenständig. Stiel 1-2,5 cm lang; Spreite breit elliptisch, 3-6 (9) cm lang,

Blütenzweig des Kreuzdorns.

kurz zugespitzt; am Rand fein kerbig gesägt; 3-4 (5) Paar bogig zur Blattspitze verlaufende Nerven; meist kahl. Blüten (V, VI): Zu 2-8 in blattachselständigen Büscheln. Eingeschlechtig; klein und unscheinbar 4zählige, doppelte gelbgrüne Blütenhülle. Früchte (VIII-X): Kugelige, erbsengroße, beerenähnliche Steinfrüchte mit

Kreuzdorn: Die Seitennerven der fein gesägten Blätter verlaufen bogig zur Spitze, der Trieb endet häufig in einem Dorn (l); Früchte unterschiedlicher Reife (r).

2-4 Kernen; reif blauschwarz, saftig. Giftig! Rinde: Graubraune bis schwärzliche, rissige Borke (Foto Seite 249). Verbreitung: Europa, Westasien, Nordwestafrika. Standort: Von der Ebene bis in mittlere Gebirgslagen (Alpen bis 1300 m) in Gebüschen, Hecken und an Waldrändern, bevorzugt auf flachgründigen, mäßig trockenen, basen- und kalkreichen, steinigen Böden sonniger Lagen; meidet Staunässe, bildet Wurzelsprosse; Licht- bis Halbschattbaumart. Ähnliche Art: Faulbaum *(Rhamnus frangula L.)*, dem Kreuzdorn nahe verwandter, häufiger Strauch. Unterschiede zum Kreuzdorn: Triebe: Dornenlos; dicht mit hellen, länglichen Korkwarzen besetzt. Blätter: Wechselständig,

Faulbaum: Triebe mit den typischen, länglichen Korkwarzen (r); Zweig mit ganzrandigen Blättern und reifenden Früchten (l).

ganzrandig, mit 6-10 Nervenpaaren. Blüten (V-IX): Zwittrig, 5zählig, grünweiß. Früchte (VII-XI): Verfärben sich von grün über rot nach schwarz. Verbreitung: Europa, Kleinasien, Nordwestafrika. Standort: Laub- und Nadelwälder (vor allem Bruch-, Moor-, Auwälder); meist auf tiefgründigen, feuchten bis sumpfigen, sauren Böden.

Kreuzdorn in einem Park (oben); am natürlichen Standort (unten). ▷

Kornelkirsche

Cornus mas L.
(Hartriegelgewächse)

Gestalt: Strauch oder kleiner, bis 8 m hoher, rundkroniger Laubbaum. Knospen: Länglich spitze Laubknospen; daneben gestielte, kugelige Blütenknospen. Blätter: Gegenständig. Stiel 5–10 mm lang; Spreite eiförmig elliptisch mit ausgezogener Spitze, 5–10 cm lang,

Gegenständig beblätterter Zweig der Kornelkirsche.

ganzrandig, 3–5 Paar bogig verlaufende Nerven; beidseitig fein behaart. Blüten (II–IV, vor dem Laubaustrieb): In seitenständigen, 1–2 cm breiten Dolden; diese am Grunde mit 4 Schuppenblättern; 4zählige Zwitterblüten mit doppelter, leuchtend gelber Blütenhülle.

Kornelkirsche: Die gestielten, kugeligen Blütenknospen sind bereits im Spätsommer zu sehen (l); aus ihnen brechen im Vorfrühling die kleinen Blütendöldchen hervor (r).

Früchte (VIII, IX): Ovale, bis 2 cm lange, glänzend rote Steinfrucht mit großem, 2samigen Steinkern; Fruchtfleisch saftig, eßbar, säuerlich schmeckend. Rinde: Graubraune, abblätternde Borke. Verbreitung: Mittel-, Südeuropa, Kleinasien, Kaukasus. Standort: Warme, trockene, lichte Eichenwälder, Waldränder, Gebüsche; nährstoff- und kalkreiche Böden. Wegen der frühen, auffälligen Blüte gern kultiviert. Licht- bis Halbschattbaumart. Ähnliche Art: Roter Hartriegel *(Cornus sanguinea L.)*, der Kornelkirsche nahe verwandter Strauch. Unterschiede zur Kornelkirsche: Triebe: Im Winter rot. Blätter: Mit weinroter Herbstfärbung. Blüten (V, VI): In endständigen Doldenrispen; weiß.

Früchte der Kornelkirsche kurz vor der Reife.

Die rotstieligen Fruchtstände mit zahlreichen, glänzend schwarzen Steinfrüchten unterscheiden den Roten Hartriegel sicher von der ansonsten ähnlichen Kornelkirsche.

Früchte (IX): Kugelig, erbsengroß, blauschwarz, rot gestielt. Verbreitung: Europa. Standort: Laubwälder, Auwälder, Waldränder, Gebüsche; mäßig trockene bis frische, meist kalkreiche Lehmböden.

Die Kornelkirsche blüht lange vor dem Laubaustrieb. ▷

Ölbaum

Olivenbaum
Olea europaea L.
(Ölbaumgewächse)

Gestalt: Kleiner, selten über 10 m hoher, trägwüchsiger Laubbaum; Stamm kurz, stets dicht über dem Boden verzweigt, im Alter dick und oft sehr bizarr knorrig; Krone breit und unregelmäßig starkästig.

Zweig.

Blätter: Gegenständig, immergrün, derb lederartig. Schmal elliptisch bis lanzettlich (weidenartig), 4–8 cm lang, ganzrandig, Rand meist leicht eingerollt; oberseits dunkel- oder graugrün, kahl oder spärlich behaart, unterseits dicht silbergrau behaart. Blüten (IV–VII): In blattachselständigen Rispen. Zwittrig; klein; Kelch 4zähnig; 4lappige, weiße Krone; 2 Staubblätter; 2 kurze Narbenäste. Angenehm duftend. Früchte (IX, X): Kugelige oder pflaumenförmige, bis 4 cm große Steinfrucht (Olive) mit ölhaltigem, eßbarem Fruchtfleisch; anfangs grün, reif meist schwarz (aber auch andersfarbige Sorten); Steinkern zusammengedrückt, sehr hart und rauh. Rinde: Hellgraue, rissige

Graugrüne, gegenständige Blätter (l); Früchte (r).

Borke. Verbreitung: Gesamtes Mittelmeergebiet. Darüber hinaus in vielen Teilen der Welt angebaut. Standort: Trockene, warme Lagen; Plantagen (Olivenhaine) meist auf tiefergründigen, gut nährstoffversorgten Böden; unempfindlich gegen Dürre, gefährdet durch Winterkälte und Frühjahrsfröste; Lichtbaumart.
Hinweis: Der Ölbaum, eine sehr alte, sortenreiche Kulturpflanze *(O. europaea ssp. europaea)* ist eine der Charakterpflanzen der mediterranen Landschaft. Von wirtschaftlicher Bedeutung ist neben der Olive auch das wertvolle, vielseitig verwendbare Holz. Die Wildform dieser Baumart *(O. europaea ssp. sylvestris)*, ein Bestandteil der Macchie (immergrüne Gebüsche), unterscheidet sich von den Zuchtsorten durch folgende Merkmale: sie wächst meist strauchförmig, nur selten als kleiner Baum; Zweige dornig bewehrt; Blätter kleiner (2–5 cm lang); Frucht ölarm, annähernd rund. Die genaue Unterscheidung beider Formen ist schwierig, da zwischen den Typen alle Übergangsformen auftreten können.

Ölbäume nehmen oft sehr bizarre Formen an. ▷

Paulownie

Blauglockenbaum
Paulownia tomentosa (Thunb.) Steud.
(Braunwurzgewächse)

Gestalt: Mittelgroßer, bis 15 (20) m hoher, breitkroniger Laubbaum; raschwüchsig. Blätter: Gegenständig. Sehr groß; Stiel 8–20 cm lang; Spreite 15–35 cm lang und bis zu 30 cm breit (Blätter von Schößlingstrieben mitunter noch größer); breit eiförmig mit meist herzförmiger Basis, spitz, ganzrandig,

Zweig mit den großen, langgestielten Blättern.

gelegentlich mit wenigen großen Zähnen oder schwach ausgebildeten Lappen (dies vor allem bei großen Blättern); beidseitig behaart. Blüten (IV, V, vor dem Laubaustrieb): Die kugeligen, braunfilzigen Blütenknospen schon ab dem

Braunfilzige Blütenknospen (l); Blütenstand mit den schönen, glockigen Blüten, die in der Form denen des Fingerhuts ähneln (r).

Spätsommer des Vorjahres sichtbar. Aufrechte, rispige Blütenstände mit auffallenden, 5–6 cm großen Zwitterblüten; Kronröhre glockenförmig, am Saum mit 5 ungleichen Lappen, violett bis weißviolett, innen gelb gestreift, duftend. Früchte (VIII–X): Ledrige, braune Kapseln, eiförmig, 2–4 cm groß, mit kurzer Schnabelspitze; Samen zahlreich, klein, geflügelt.

Eiförmige, teilweise geöffnete Kapselfrüchte.

Die Kapseln bleiben reif noch längere Zeit am Baum. Rinde: Glatt oder leicht längsstreifig, graubraun (Foto Seite 249). Verbreitung: China. In Südeuropa häufig, im südlichen Mitteleuropa gelegentlich kultivierter Zierbaum. Standort: Nährstoffreiche, frische Böden; gedeiht in Mitteleuropa meist nur im Bereich des Weinbauklimas, da vor allem in der Jugend sehr frostgefährdet; ältere Bäume relativ frosthart. Ähnliche Art: Trompetenbaum (Seite 126).

Im Frühjahr beeindruckt die Paulownie durch ihre Blütenpracht (oben); im Sommer durch die riesigen Blätter (unten). ▷

Trompetenbaum

Bohnenbaum
Catalpa bignonioides Walt.
(Trompetenbaumgewächse)

Gestalt: Mittelgroßer, bis 15 (20) m hoher Laubbaum mit meist breiter Krone und kurzem Stamm. Blätter: Gegenständig oder auch zu dritt in Quirlen. Sehr groß; Stiel 10–17 cm lang; Spreite 10–25 cm lang, 8–15 cm breit; breit eiförmig mit herzförmiger Basis, spitz, ganzrandig, gelegentlich mit 1–2 kleinen, spitzen Lappen; anfangs beidseitig, später nur auf der helleren Unterseite weich behaart; zer-

Zweig mit Blättern und Früchten.

rieben mit unangenehmem Geruch. Später Laubaustrieb, früher herbstlicher Laubfall. Blüten (VI, VII; nach dem Laubaustrieb): In aufrechten, endständigen, breit kegelförmigen Rispen. 3–5 cm große Zwitterblüten; Kronröhre glokkenförmig mit krausem, ungleich 5lappigem Saum, weiß, innen gelb gestreift und violett gefleckt; schwach duftend. Früchte (IX, X):

Aufrechte Blütenrispen.

Bohnenförmige, dünnwandige, im Querschnitt runde Kapseln, 20–40 cm lang, kaum 1 cm dick; Samen zahlreich, klein, flach, mit spitzen, behaarten Flügeln. Kapseln bleiben reif noch bis ins nächste Frühjahr am Baum hängen.

Die bohnenförmigen Kapseln bleiben nach der Reife noch weit bis ins nächste Jahr am Baum.

Rinde: Dünne, graubraune, kleinschuppige Borke. Verbreitung: Südöstliches Nordamerika. In Südeuropa häufig, in Mitteleuropa gelegentlich kultivierter Zierbaum. Standort: Tieflagen; anspruchsvoll, bevorzugt nährstoffreiche, frische Böden. Meist ausreichend winterhart, jedoch gefährdet durch Spätfröste, deswegen Anbau in geschützten, milden Lagen vorteilhaft. Ähnliche Art: Paulownie (Seite 124).

Trompetenbäume fruchten meist reich. ▷

Ginkgo

Ginkgo biloba L.
(Ginkgogewächse)

Gestalt: Bis 30 m hoher, sommergrüner Baum; Krone unregelmäßig aufgebaut, sparrig verzweigt, anfangs schmal, später meist breit. Blätter: An Langtrieben einzeln, wechselständig; an Kurztrieben gebüschelt. Fächerförmig, 5–8 cm

Zweig mit büschelig beblätterten Kurztrieben.

breit, derb, langgestielt, Blattnerven parallel, gabelig verzweigt; vorderer Rand wellig oder mit tiefen Einschnitten, oft deutlich 2lappig; anfangs hellgrün, später dunkelgrün. Herbstfärbung gelb. Blüten

Herbstfärbung.

(IV, V; mit dem Laubaustrieb): Zweihäusig verteilt; immer an Kurztrieben. ♂ zu 2–5, kätzchenartig, 4–7 cm lang, mit vielen, lokker stehenden Staubblättern, gelb. ♀ zu 1–3, langgestielt, mit 2 freien Samenanlagen am keulig verdickten, gegabelten Ende, grün. Samen (X, XI): Mirabellenähnliche, 2–3 cm große Scheinfrucht mit fleischiger, gelboranger Samenhülle, die reif unangenehm riecht.

Die mirabellenähnlichen Samen (Scheinfrüchte) riechen unangenehm nach Buttersäure; der Samenansatz ist in manchen Jahren sehr reich.

Rinde: Frühe Bildung einer graubraunen, zunächst feinrissigen, später grob gefurchten Borke (Foto Seite 249). Verbreitung: Südost-China. In Europa häufiger Park- und Gartenbaum. Standort: Mischwälder in Lagen bis 750 m. Ohne besondere Bodenansprüche; völlig winterharte Lichtbaumart, relativ unempfindlich gegen Luftverschmutzungen.

Hinweis: 1. Der Ginkgo gilt als lebendes Fossil, da er der einzige noch lebende Vertreter seiner Familie ist, die im Erdmittelalter vor über 100 Millionen Jahren ihre Blütezeit erlebte. 2. Trotz laubblattähnlicher Blattspreiten ist er kein Laubbaum (Bedecktsamer), sondern gleich den Nadelbäumen ein Nacktsamer (Samenanlage nicht von einem Fruchtknoten umschlossen). 3. Aufgrund des üblen Geruchs reifer Samen werden vorwiegend ♂ Bäume angepflanzt.

Der Ginkgo ist ein geschätzter Parkbaum. ▷

Schwarzpappel

Populus nigra L.
(Weidengewächse)

Gestalt: Raschwüchsiger, bis 35 m hoher Laubbaum; Krone breit, locker, starkästig. Triebe: Kahl, glänzend lehmgelb. Blätter: Wechselständig. Stiel 2–6 cm lang;

Zweig.

Spreite dreieckig bis rautenförmig, spitz, 5–10 cm lang, am Rand kerbig gesägt; kahl, oberseits dunkel-, unterseits hellgrün. Blüten (III, IV; vor dem Laubaustrieb): Zweihäusig verteilt. Tragblätter der Blüten

Blatt.

zerschlitzt, nicht bewimpert. ♂ in hängenden, dickwalzigen, bis 9 cm langen Kätzchen; gelbbraun bis rötlich. ♀ in etwa ebenso langen, schlanken Kätzchen, die sich zur Fruchtzeit verlängern; gelbgrün. Früchte (V, VI): 2klappig aufspringende Kapseln. Samen (größer als bei Weiß- und Zitterpappel) mit Haarschopf. Rinde: Anfangs glatt, hellgrau; frühe Bildung einer tiefrissigen, schwärzlichen (Name!) Borke (Foto Seite 249). Verbreitung: Mittel-, Süd-, Osteuropa, Vorderasien, Westsibirien, Nordafrika. Standort: Auwälder großer Flußniederungen; bevorzugt auf feuchten bis nassen, periodisch überfluteten, nährstoff- und basenreichen Sand- und Lehmböden. Etwas wärmeliebende, meist flach wurzelnde, dürregefährdete Lichtbaumart; bildet Wurzelsprosse. Stellt zusammen mit der Silberweide die Baumschicht der Weichholzaue (Silberweidenwald, eine heute seltene Pflanzengesellschaft). Über die Naturvorkommen hinaus verbreitet angepflanzt und verwildert.

Hängende Fruchtstände mit den vielsamigen Kapseln (l); die winzigen Samen sind mit einem Haarschopf, der Samenwolle, versehen (r), die Samenverbreitung besorgt der Wind.

Hinweis: Die häufig als Alleebaum gepflanzte Pyramiden- oder Säulenpappel *(Populus nigra 'Italica')* ist eine durch Mutation in der Wuchsform veränderte Schwarzpappel. Kennzeichen: Äste annähernd senkrecht aufsteigend, Krone dadurch säulenförmig. Meist werden ♂ Exemplare angebaut, ihre Vermehrung erfolgt durch Stecklinge.

Pyramidenpappeln sind Schwarzpappeln mit säulenförmiger Krone (oben); Schwarzpappeln verwendet man gerne im Flurholzanbau (unten). ▷

Silberpappel

Weißpappel
Populus alba L.
(Weidengewächse)

Gestalt: Raschwüchsiger, bis 35 m hoher Laubbaum; Krone breit, locker, starkästig. Triebe: Weißfilzig behaart, verkahlend. Blätter: Wechselständig. Stiel 2–4 cm lang,

Zweig.

behaart; Form der Spreite sehr veränderlich, rundlich bis eiförmig, an Langtrieben meist buchtig gelappt, an Kurztrieben ungelappt; 4–10 cm lang, an kräftigen Schößlingen oft erheblich größer;

Im Unterschied zur grünen Oberseite (l) sind die Blätter auf der Unterseite (r) dicht weißfilzig behaart.

am Rand unregelmäßig buchtig stumpf gezähnt; oberseits anfangs flaumig, später kahl, glänzend grün; unterseits bleibend weißfilzig behaart. Blüten (III, IV; vor dem Laubaustrieb): Zweihäusig verteilt. Tragblätter der Blüten gezähnt, zottig bewimpert. ♂ in hängenden, dickwalzigen, bis 8 cm langen Kätzchen; anfangs rötlich, mit der Zeit verblassend. ♀ in et-

Die Blätter sind sehr vielgestaltig; neben gelappten Blättern (siehe Bild links unten) gibt es am selben Baum auch ungelappte (l); ♂ Blütenkätzchen (r).

was kürzeren, schlanken Kätzchen; gelbgrün. Früchte (V, VI): 2klappig aufspringende Kapseln; Samen sehr klein, mit Haarschopf. Rinde: Grauweiß, lange glatt; dunkelgraue, längsrissige Borke. Verbreitung: Mittel-, Süd-, Osteuropa, Westsibirien, Westasien, Nordafrika. Standort: In der Hartholzaue großer Flußniederungen, meist vergesellschaftet mit Stieleiche, Ulme und Gemeiner Esche; bevorzugt auf gelegentlich überfluteten, frischen bis feuchten, im Sommer aber auch oberflächlich austrocknenden, nährstoff- und basenreichen Sand-, Lehm- und Tonböden; wärmebedürftige, relativ dürreunempfindliche, flach wurzelnde Licht- und Pionierbaumart; bildet Wurzelsprosse. Über die Naturvorkommen hinaus verbreitet angepflanzt (Zierbaum) und verwildert. Ähnliche Art: Graupappel (Seite 136).

Silberpappel. ▷

Zitterpappel

Aspe, Espe
Populus tremula L.
(Weidengewächse)

Gestalt: Raschwüchsiger, bis 30 m hoher Laubbaum mit breiter, lockerer Krone. Triebe: Kahl, glänzend gelbbraun. Blätter: Wechselständig. Stiel seitlich abgeflacht,

Zitterndes Laub im Wipfel eines jungen Baumes.

etwa annähernd so lang wie die 3–8 cm große, rundliche bis eiförmige Spreite; am Rand grob stumpf gezähnt; nur anfangs behaart, bald kahl; oberseits glänzend grün, unterseits heller. Blätter kräftiger Langtriebe größer (bis 15 cm), eiförmig bis dreieckig, verhältnismäßig kurzgestielt. Blüten (III, IV; vor dem Laubaustrieb): Zweihäusig verteilt. Tragblätter

Blatt mit dem langen, seitlich abgeplatteten Stiel (l); verblühte ♂ Kätzchen (r).

der Blüten zerschlitzt, dicht zottig bewimpert. ♂ in hängenden, dickwalzigen, bis 11 cm langen Kätzchen; anfangs rötlich, mit der Zeit verblassend. ♀ in ebenso langen Kätzchen, rötlich. Früchte (V, VI): 2klappig aufspringende Kapseln; Samen sehr klein, mit Haarschopf. Rinde: Anfangs graugrün, lange glatt (Foto Seite 249); schwarzgraue, längsrissige Borke. Verbreitung: Europa, Nordafrika, Kleinasien, Sibirien. Standort: Von der Ebene bis in mittlere Gebirgslagen (Alpen bis 2000 m); häufig auf Waldlichtungen, an Wald- und Wegrändern, in aufgelassenen Steinbrüchen und Kiesgruben, in Brachlandgebüschen; in Osteuropa auch waldbildend. Standorttolerant, wächst auf Kalk- wie Silikatgestein; bevorzugt nicht zu nährstoff- und basenarme, frische

Zweig eines ♂ blühenden Baums; wie alle Weidengewächse ist auch die Zitterpappel zweihäusig.

Böden; besiedelt als Pionier aber auch nährstoffarme, steinige, trokkene Rohböden. Frostharte, wenig dürregefährdete, relativ tief wurzelnde Lichtbaumart; starke Wurzelsproßbildung. Ähnliche Art: Graupappel (Seite 136).
Hinweis: Die seitlich abgeflachten, langen Blattstiele ermöglichen das sprichwörtliche Zittern des Espenlaubes im Wind.

Zitterpappeln im Winter (oben); im Sommer (unten). ▷

Graupappel

Populus canescens Sm.
(Weidengewächse)

Gestalt: Bis 35 m hoher Laubbaum; der Weißpappel ähnlich, meist noch raschwüchsiger als diese. Blätter: Wechselständig. Größe und Form veränderlich, 4–10 (15) cm lang; an Kurztrieben rundlich bis eiförmig, ungelappt, grob

Blick ins Geäst einer Graupappel.

stumpf gezähnt, an Langtrieben mehr oder weniger schwach gelappt; unterseits graufilzig, später oft verkahlend. Blüten: Wie Silberpappel. Früchte: Wie Silberpappel. Rinde: Foto Seite 249. Verbreitung: Mittel-, Südosteuropa,

Zweig einer Graupappel.

Westasien. Standort: Auwälder großer Flußniederungen. Häufig als Park- und Straßenbaum gepflanzt; relativ standorttolerant. Ähnliche Arten: Silberpappel (Seite 132), Zitterpappel (Seite 134). Hinweis: 1. Die Graupappel ist ein im Bereich des gemeinsamen Vorkommens beider Elternarten natürlich auftretender Hybrid zwischen Silber- und Zitterpappel. Sie ist sehr variabel, in den meisten Eigenschaften können alle Übergangsformen zwischen denen der Elternarten auftreten. 2. Wegen ihrer Raschwüchsigkeit werden häufig im Wald, in Flurgehölzen und Alleen verschiedene »Wirtschaftspappelsorten« angepflanzt. Meist handelt es sich um Kreuzungsprodukte zwischen der einheimischen Schwarzpappel und der nahe verwandten Nordamerikanischen Schwarzpappel *(Populus deltoides)*, die als Canadensis-Hybriden oder Euramericana-Bastarde (gelegent-

Zweig einer Euramericana-Bastardpappel.

lich auch als Kanadapappeln) bezeichnet werden. Die Unterscheidung einzelner Sorten (meist Klone) und ihre Abgrenzung zu den Elternarten ist schwierig.

Sommer- (oben) und Winterhabitus (unten) der Graupappel. ▷

Salweide

Salix caprea L.
(Weidengewächse)

Gestalt: Kleiner, bis 12 m hoher Laubbaum oder großer Strauch. Triebe: Grünlich oder rotbraun, anfangs behaart, später kahl; Nacktes Holz striemenlos (Trieb entrinden!). Blätter: Wechselständig. Elliptisch mit kurzer, meist etwas verdrehter Spitze; 4–10 cm

Blätter.

lang, bis 5 cm breit; schwach gekerbt oder ganzrandig; oberseits anfangs behaart, später kahl, leicht glänzend; unterseits grau- bis blaugrün, weich behaart, Nervatur deutlich hervortretend. Stiel

Die Blattunterseite ist graugrün, die Nervatur tritt deutlich hervor.

1–2 cm lang, behaart; Nebenblätter unscheinbar. Blüten (III, IV; vor dem Laubaustrieb): Zweihäusig verteilt. Vielblütige, 2–4 cm lange Kätzchen; vor dem Aufblühen zunächst mit silbrig seidigem Pelz (»Palmkätzchen«). ♂ Kätzchen eiförmig, je Blüte 2 goldgelbe Staubblätter; ♀ Kätzchen länglich eiförmig, grünlich, nach der Blüte verlängert. Wertvolle Bienenwei-

♂ Blütenkätzchen.

de. Früchte (V, VI): Längliche, 2klappig aufspringende Kapseln; Samen sehr klein, mit Haarschopf. Rinde: Anfangs grau, glatt, mit großen, rautenförmigen Korkwarzen; Borke längsrissig. Verbreitung: Europa, Sibirien, Klein-, Mittel-, Ostasien. Standort: Von

Reife Fruchtstände; die kleinen Samen sind mit einem Haarschopf versehen, wodurch sie vom Wind über sehr große Entfernungen verbreitet werden können.

der Ebene bis ins Gebirge (Alpen bis 2000 m). Wald- und Wegränder, Pionierbaumart auf Waldlichtungen und auf Brachland, ebenso in Kiesgruben und Steinbrüchen; feuchte bis ziemlich trockene, nährstoffreiche Böden, auch auf humusarmen Rohböden. Lichtbaumart. Ähnliche Art: Aschweide (Seite 140).

Vor dem Aufblühen sind die Kätzchen in einen dicht zottigen, silberweißen Pelz (»Palmkätzchen«) gehüllt (oben); dicht und unregelmäßig verzweigte Salweide (unten). ▷

Silberweide

Salix alba L.
(Weidengewächse)

Gestalt: Bis 28 m hoher Laubbaum. Blätter: Wechselständig. Lanzettlich, lang zugespitzt;

Zweig der Silberweide.

5–10 cm lang; fein gesägt; beidseitig oder nur unterseits dicht anliegend silbrig seidig behaart. Nebenblätter klein, fallen früh ab. Blüten (IV, V; mit dem Laubaustrieb):

Die ♂ Blütenkätzchen der Silberweide stehen an beblätterten Stielen.

Zweihäusig verteilt. Kätzchen gestielt, 3–6 cm lang, schlank. Rinde: Borke grob längsrissig (Foto Seite 249) Verbreitung: Europa, Westsibirien, West-, Südwestasien, Nordafrika. Standort: Sommerwarme Tieflagen; meist an Gewässern; dominierender Baum des Silberweidenwaldes (Weichholzaue). Wechselfeuchte, basen- und nährstoffreiche, meist kalkhaltige, sandig kiesige Ton- oder Schlickböden. Ähnliche Art: Bruchweide (Seite 144).

Winterzweige der normalen Silberweide (l) und der Trauer-Silberweide (r).

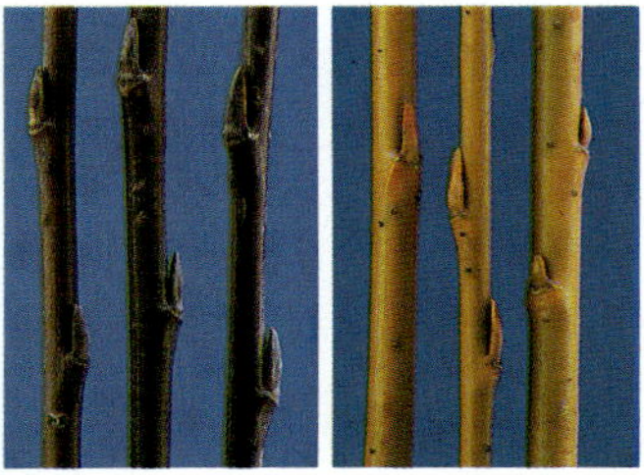

Hinweis: Ein beliebter Zierbaum ist die Trauer-Silberweide *(S. alba ssp. vitellina 'Tristis')* mit gelben, schlaff hängenden Zweigen.

Aschweide

Salix cinerea L.
(Weidengewächse)

Gestalt: Strauch, gelegentlich niedriger Baum. Triebe: Schwarzgrau, samtig behaart; das nackte Holz mit Längsstriemen (Trieb entrinden!). Blätter: Wechselständig. Elliptisch; 6–10 cm lang, spitz, fein gesägt oder ganzrandig; oberseits stumpfgrün, unterseits graugrün, samtig behaart. Blüten: Wie Salweide; Staubbeutel vor dem

Aschweide: Winterzweige (links) und ♂ Blütenkätzchen (rechts).

Aufblühen oft ziegelrot. Verbreitung: Europa, Westsibirien. Standort: Weidengebüsche auf nassen bis wechselfeuchten Böden; Moorränder, Erlenbrüche, Bachufer, Feuchtwiesen. Ähnliche Art: Salweide (Seite 138).

Silberweide: Trauerform (oben) und normale Wuchsform (unten). ▷

Korbweide

Salix viminalis L.
(Weidengewächse)

Gestalt: Bis 10 m hoher Laubbaum oder Strauch mit langen, rutenförmigen Zweigen; oft zur Kopfweide beschnitten. Blätter: Wechselständig. Schmal lanzettlich, lang

Gipfeltrieb der Korbweide.

zugespitzt; bis 20 cm lang und bis 2 cm breit; Rand umgerollt, wellig, meist ganzrandig; unterseits seidig schimmernd behaart, Haupt- und Seitennerven stark hervortretend;

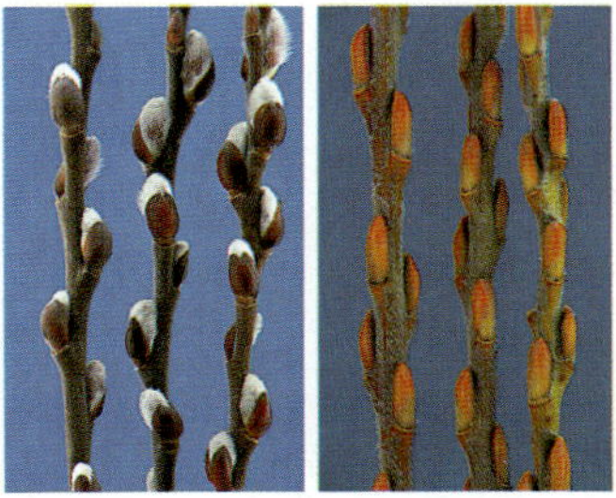

Nach dem Abfallen der Knospenschuppen sind die Blütenkätzchen der Korbweide zunächst dicht seidig behaart (l); Winterzweige der Lavendelweide (r).

Nebenblätter früh abfallend. Blüten (III, IV; kurz vor dem Laubaustrieb): Zweihäusig verteilt. Kätzchen etwa 3 cm lang, zylindrisch; vor dem Aufblühen zunächst silbrig seidig behaart. Staubbeutel gelb; Griffel und Narbenäste der ♀ Blüte langfädig, blaßgelb. Verbreitung: Europa. Standort: Meist in Tieflagen; Wegränder, Auengebüsche, Bach- und Flußufer, an Wassergräben. Wechselfeuchte, basen- und nährstoffreiche, meist kalkhaltige Böden. Pionierholzart. Zur Gewinnung von Ruten (Bind- und Flechtwerk) weit verbreitet gepflanzt. Ähnliche Art: Lavendelweide.

Lavendelweide

Grauweide
Salix eleagnos Scop.
(Weidengewächse)

Gestalt: Bis 20 m hoher Laubbaum oder hoher Strauch. Blätter: Wie Korbweide; aber im Durchschnitt kleiner (bis 12 cm lang), oft zur Spitze hin fein gesägt; unterseits

Lavendelweide: Zweig (l); die Blattunterseite (r) ist matt graufilzig behaart.

dicht grau- bis weißfilzig behaart, nicht schimmernd, sondern matt. Blüten (IV, V; kurz vor oder mit dem Laubaustrieb): Zweihäusig verteilt, Kätzchen schlank, meist gekrümmt; ♂ bis 3 cm lang, ♀ bis 5 cm lang; die 2 Staubfäden der ♂ Blüte im unteren Teil miteinander verwachsen. Verbreitung: Gebirge Mittel- und Südeuropas, Kleinasien. Standort: Pionierweidengebüsche der Ufer- und Schotterbänke von Gebirgs- und Vorgebirgsflüssen. Wechselfeuchte bis trockene, meist kalkhaltige Böden. Ähnliche Art: Korbweide.

Junge Korbweiden (oben); Korbweiden bilden nach Beschnitt zur Gewinnung von Flechtmaterial immer wieder eine dichte Krone (unten). ▷

Purpurweide

Salix purpurea L.
(Weidengewächse)

Gestalt: Strauch, gelegentlich bis 10 m hoher Laubbaum; Zweige dünn, rutenförmig, straff aufgerichtet. Triebe: Braun bis rot, kahl. Blätter: Wechselständig, aber auch gegenständig. Lanzettlich, kurz zugespitzt, größte Breite im vorderen

Purpurweide: rotbraune Winterzweige (l); Blätter (r).

Drittel; 4–12 cm lang, bis 1,5 cm breit; zur Spitze hin fein gesägt; beidseitig kahl; unterseits blau- bis graugrün; stets ohne Nebenblätter. Blüten (III, IV; vor oder mit dem Laubaustrieb): Zweihäusig verteilt. Kätzchen zylindrisch,

♂ Blütenkätzchen der Purpurweide.

1,5–4,5 cm lang, oft gegenständig. ♂ Blüte mit 2 Staubblättern, die beiden Staubfäden völlig miteinander verwachsen, dadurch scheinbar nur 1 Staubblatt. Staubbeutel vor dem Stäuben purpurrot, dann gelb. Verbreitung: Europa, weite Teile Asiens, Nordafrika. Standort: Von der Ebene bis in die subalpine Region (hier: *ssp. gracilis)*; Wegränder, Ufer-, Auengebüsche. Pionier auf wechselfeuchten Kies-, Sand- oder Schlickböden.

Bruchweide

Knackweide
Salix fragilis L.
(Weidengewächse)

Gestalt: Bis 20 m hoher Laubbaum; oft zur Kopfweide beschnitten. Triebe: Kahl, glänzend gelbbraun. Brechen an den Verzweigungsstellen mit knackendem Geräusch leicht ab (Name!). Blätter: Wechselständig. Lanzettlich, lang zugespitzt; bis 17 cm lang, bis 4 cm breit; gesägt; oberseits schwach glänzend dunkelgrün;

Bruchweide: Winterzweige (l); Blätter (r).

unterseits hellgrün bis bläulich; beidseitig kahl; Nebenblätter früh abfallend. Blüten (III–V; mit dem Laubaustrieb): Zweihäusig verteilt. Kätzchen gestielt, schlank, bis 6 cm lang. Verbreitung: Europa, Westsibirien, Südwestasien. Standort: Fluß- und Bachauen. Wechsel- bis dauernd feuchte, nährstoffreiche, meist kalkarme Böden. Ähnliche Art: Silberweide (Seite 140); mit dieser oft Bastardbildung *(= Salix x rubens)*.

♀ Purpurweide zur Zeit der Verbreitung der »Samenwolle« (oben); meist wächst die Purpurweide als Strauch mit vielen dünnen, straff aufwärts gerichteten Zweigen. ▷

Reifweide

Salix daphnoides Vill.
(Weidengewächse)

Gestalt: Bis 15 m hoher Laubbaum. Triebe: Meist glänzend rot, stellenweise abwischbar bläulichweiß bereift (Name!). Blätter: Wechselständig. Lanzettlich, spitz;

Zweig der Reifweide.

4–10 cm lang, bis 2,5 cm breit; fein gesägt; anfangs fein behaart, später kahl; oberseits glänzend dunkelgrün, unterseits matt grau- bis blaugrün. Nebenblätter klein, mit

Reifweide: Die Zweige sind stellenweise abwischbar bläulich bereift (l); jüngere Triebe oft glänzend rot (r).

dem Blattstiel verwachsen. Blüten (III, IV; vor dem Laubaustrieb): Zweihäusig verteilt. Kätzchen vor dem Aufblühen mit silbrig seidigem Pelz; 2–5 cm lang, zylindrisch. Rinde: Borke hellgrau, schwach längsrissig (Foto Seite 249). Verbreitung: Europa. Standort: Gebirge bis in die subalpine Stufe; Bach- und Flußauen. Nasse, nährstoffreiche, tonige Kies- und Sandböden; in Tieflagen oft gepflanzt.

Lorbeerweide

Salix pentandra L.
(Weidengewächse)

Gestalt: Bis 15 m hoher Laubbaum. Triebe: Meist stark glänzend rotbraun. Blätter: Wechselständig,

Lorbeerweide: Zweig mit reifenden Fruchtständen (l); Blatt, am Stiel kleine Drüsen (r).

derb. Breit lanzettlich bis elliptisch, spitz; 5–10 (15) cm lang, 2–4 cm breit; völlig kahl; am Rand fein drüsig gesägt, Drüsen klebrig; oberseits glänzend dunkelgrün, unterseits matt hellgrün. Blattstiel mit Drüsen; meist ohne Nebenblätter. Blüten (V, VI; nach dem Laubaustrieb): Zweihäusig verteilt. Kätzchen an belaubten Stielen, zylindrisch, 2–5 cm lang; ♂ Blüte mit 5–8 Staubblättern. Verbreitung: Europa, bis Kaukasus, Sibirien. Standort: Auengebüsche, Erlenbruchwälder, Moore. Nasse Torf- oder sandig kiesige Tonböden. Beliebtes Ziergehölz.

Lorbeerweide: glänzende, gelegentlich braungrüne Triebe, häufiger aber rotbraun (l); reifer, langgestielter Fruchtstand (r).

Reifweide ▷

Hängebirke

Sand-, Weiß-, Warzenbirke
Betula pendula Roth
(Birkengewächse)

Gestalt: Raschwüchsiger, bis 30 m hoher Laubbaum mit ovaler Krone; Äste spitzwinklig ansteigend, Zweigspitzen mehr oder weniger ausgeprägt schlaff herabhängend. Triebe: Kahl, glänzend rotbraun,

Wipfel mit schlaff hängenden Zweigspitzen.

mit zahlreichen warzigen Drüsen, anfangs klebrig. Blätter: Wechselständig. Stiel 1,5–3 cm lang, kahl; Spreite dreieckig bis rautenförmig, lang zugespitzt, 4–7 cm lang, doppelt gesägt; anfangs meist etwas

Die Triebe sind kahl und dicht mit hellen, warzigen Drüsen besetzt (l); Blatt (r).

klebrig, kahl. Blüten (IV, V; mit dem Laubaustrieb): Einhäusig verteilt. ♂ in ungestielten, hängenden, braungelben, länglich walzenförmigen Kätzchen, die bereits im Sommer des Vorjahres erscheinen, zur Blütezeit bis 10 cm lang. ♀ in gestielten, 2–4 cm langen, schlanken, grünen Kätzchen, zur Blüte-

Reifende Fruchtzäpfchen.

zeit aufrecht, später hängend. Früchte (VII–IX): Kleine, zweiseitig geflügelte Nüßchen, jeder Flügel etwa 2–3mal so breit wie das Nüßchen. Früchte sitzen zwischen 3lappigen Fruchtschuppen in braunen, dickwalzigen Zäpfchen, die reif am Baum zerfallen. Rinde: Anfangs glänzend weiß, blättert mit feinen, papierenen Querstreifen ab; frühe Bildung einer schwärzlichen, rissigen, harten Borke (Foto Seite 249). Verbreitung: Europa, Sibirien, Kleinasien, Kaukasus, Nordpersien. Standort: Meist im Tiefland, seltener im Gebirge (Alpen bis 1800 m); lichte Laub- und Nadelwälder, Waldränder, Moore, Heiden, Brachflächen. Anspruchslos, standorttolerant; durch die Konkurrenz anderer Baumarten meist auf feuchten oder trockenen, nährstoffarmen, sauren Böden, häufig auf Sand. Frostharte, nicht sehr tief wurzelnde Licht- und Pionierbaumart. Weit verbreitet als Park- und Alleebaum. Ähnliche Art: Moorbirke (Seite 150).

Hinweis: Siehe Hinweis auf Seite 150.

Birkenallee im Herbst. ▷

Moorbirke

Haarbirke
Betula pubescens Ehrh.
(Birkengewächse)

Gestalt: Mittelgroßer, bis 20 m hoher Laubbaum mit ovaler Krone; Äste starr spitzwinklig bis waagerecht abstehend, Zweigspitzen nicht oder kaum hängend. Triebe: Zur Spitze hin dicht samtig behaart, später verkahlend; keine oder nur wenige Warzen. Blätter: Wechselständig, relativ derb. Stiel 1–2,5 cm lang, zumindest anfangs

Blätter und reifende Fruchtzäpfchen.

behaart; Spreite ei- bis rautenförmig, Ecken gerundet, in der Regel kürzer zugespitzt als bei der Hängebirke, 3–5 cm lang, einfach bis doppelt gesägt; oberseits mehr oder weniger kahl, unterseits zunächst flaumig behaart, später bis auf die Nervenwinkel verkahlend. Blüten: Wie Hängebirke. Früchte (VII–IX): Kleine, zweiseitig geflügelte Nüßchen, jeder Flügel meist nicht viel breiter als das Nüßchen; Früchte sitzen zwischen 3lappigen Fruchtschuppen in braunen, dickwalzigen Zäpfchen, die reif am Baum zerfallen. Rinde: Anfangs matt weiß (meist nicht so hell wie bei der Hängebirke), blättert mit feinen, papierenen Querstreifen ab (Foto Seite 249); Borke rissig, schwärzlich, hart, bildet sich später als bei der Hängebirke. Verbreitung: Mittel-, West-, Nordeuropa, Sibirien, Kaukasus. Standort: Von der Ebene bis ins Gebirge (Alpen bis 2000 m); Moor- und Bruchwälder, nahe der Waldgrenze auch im subalpinen Lärchen-Zirbenwald; bildet in Sibirien auf großen Flächen reine Bestände. Noch anspruchsloser als die Hängebirke, besiedelt feuchte bis staunasse, nährstoff- und basenarme, sauer humose Sand- und Moorböden; meidet lufttrockene Lagen. Frostharte, ziemlich flach wurzelnde Licht und Pionierbaumart. Ähnliche Art: Hängebirke (Seite 148). Hinweis: Hänge- und Moorbirke bastardieren miteinander, wodurch schwer bestimmbare Übergangsformen auftreten können.

Die Blüten erscheinen zusammen mit den Blättern; hier ♂ Kätzchen.

Eine Gruppe junger Moorbirken an ihrem natürlichen Standort. ▷

Schwarzbirke

Flußbirke
Betula nigra L.
(Birkengewächse)

Gestalt: Bis 30 m hoher, meist mehrstämmiger Laubbaum. Blätter: Wechselständig. Stiel 7-17 mm lang, behaart; Spreite ei- bis rautenförmig, kurzspitzig, 3-9 cm lang, grob doppelt gesägt, 6-9 Paar Seitennerven; oberseits glänzend grün, unterseits graugrün bis grauweiß, mehr oder weniger behaart.

Schwarzbirke, Blatt und Rinde.

Rinde: Rotbraun, von jüngeren Stämmen und Ästen blättern große, krause Fetzen ab; Borke schwärzlich (Name!), rissig. Verbreitung: Östliche USA; dort an Flußufern und in Sümpfen. In Mitteleuropa winterharter Parkbaum.

Papierbirke

Betula papyrifera Marsh.
(Birkengewächse)

Gestalt: Bis 40 m hoher Laubbaum. Blätter: Wechselständig. Stiel 1,5-2,5 cm lang, behaart; Spreite eiförmig, spitz, 5-10 cm lang, grob doppelt gesägt, 6-9 Paar Seitennerven; oberseits stumpfgrün; unterseits gelbgrün; anfangs beidseitig behaart, später verkahlend. Rinde: Glatt, blendend weiß, gelegentlich auch orangefarben oder bräunlich, blättert mit feinen Querstreifen ab; nur am Fuße alter Stämme dunkle, rissige Borke.

Papierbirke, Blatt und Rinde.

Verbreitung: Nördliches Nordamerika. In Mitteleuropa winterharter Parkbaum.

Zuckerbirke

Betula lenta L.
(Birkengewächse)

Gestalt: Bis 25 m hoher Laubbaum. Blätter: Wechselständig. Spreite länglich eiförmig, spitz, 6-13 cm lang, Basis oft herzförmig, doppelt gesägt, 9-13 Paar Seitennerven; oberseits glänzend

Zuckerbirke, Blatt und Rinde.

grün, unterseits mattgrün. Rinde: Glatt, glänzend dunkelrotbraun, nicht abblätternd, aromatisch duftend; Borke schwärzlich, rissig. Verbreitung: Östliches Nordamerika. In Mitteleuropa winterharter Parkbaum.

Schwarzbirken sind meist mehrstämmig. ▷

Maximowicz-Birke

Betula maximowicziana Reg.
(Birkengewächse)

Gestalt: Bis 30 m hoher Laubbaum. Blätter: Wechselständig. Stiel 2–4 cm lang; Spreite herz- bis eiförmig (lindenartig), spitz, sehr groß (8–15 cm lang, 5–10 cm breit), ungleich gesägt bis gezähnt,

Maximowicz-Birke, Blatt und Rinde.

9–12 Paar Seitennerven, jeder dieser Nerven mündet am Blattrand in einen verlängerten Zahn. Herbstfärbung goldgelb. Rinde: Anfangs dunkelbraun, später weiß bis grau oder orangegrau, blättert mit feinen Querstreifen ab. Verbreitung: Japan. In Mitteleuropa winterharter Parkbaum.

Ermans-Birke

Betula ermanii Cham.
(Birkengewächse)

Gestalt: Bis 20 m hoher Laubbaum. Blätter: Wechselständig. Stiel drüsig, 1–2,5 cm lang; Spreite

Ermans-Birke, Blatt und Rinde.

dreieckig bis eiförmig mit runder, quer abgeschnittener oder herzförmiger Basis und ausgezogener Spitze, 5–10 cm lang, grob gesägt bis gezähnt, 7–11 Paar Seitennerven. Rinde: Glatt, gelbweiß, rötlich oder reinweiß, blättert mit feinen Querstreifen ab. Verbreitung: Nordostasien; Japan. In Mitteleuropa winterharter, mitunter etwas spätfrostgefährdeter Parkbaum.

Rote China-Birke

Betula albosinensis Burk. var. septentrionalis
(Birkengewächse)

Gestalt: Bis 20 m hoher Laubbaum. Blätter: Wechselständig. Stiel 5–15 mm lang; Spreite länglich eiförmig, mit ausgezogener Spitze, 5–9 cm lang (mitunter deutlich länger), doppelt gesägt,

Rote China-Birke, Blatt und Rinde.

10–14 Paar unterseits seidig behaarte Seitennerven. Rinde: Glatt, orangefarben bis rotbraun; blättert mit feinen Querstreifen ab. Verbreitung: Mittel- und Westchina. In Mitteleuropa winterharter Parkbaum.

Maximowicz-Birke in einem Park. ▷

Schwarzerle

Roterle
Alnus glutinosa Gaertn.
(Birkengewächse)

Gestalt: Bis 25 (35) m hoher Laubbaum; Stamm gerade, weit in die ovale Krone reichend; oft vielstämmig. Triebe: Kahl. Blätter: Wechselständig. Stiel 2–3,5 cm lang; Spreite rundlich bis verkehrt eiförmig, 4–10 cm lang, vorne rund, gestutzt oder eingebuchtet,

Zweig.

doppelt gesägt, anfangs klebrig, 5–8 Paar Seitennerven; unterseits nur in den Nervenwinkeln behaart. Blüten (III, IV; vor dem Laubaustrieb): Einhäusig verteilt; ♂ und ♀ Blütenstände erscheinen schon im Sommer vor der Blüte.

Die Knospen sind bräunlich violett, oft klebrig und deutlich gestielt (l); in der Regel hat das Blatt 5–8 Paar Seitennerven (r).

♂ Kätzchen 6–12 cm lang, zur Blütezeit schlaff hängend. ♀ in kleinen, rotbraunen, gestielten Zäpfchen. Früchte (IX, X): Kleine, flache, schmal geflügelte Nüß-

Die (hier reifen) Fruchtstände sind gestielt.

chen in gestielten, eiförmigen, 1–2 cm großen, braunen, holzigen Zäpfchen; diese bleiben meist den Winter über am Baum. Rinde: Anfangs glatt, glänzend graubraun; frühe Bildung einer dunkelgrauen bis schwarzbraunen, rissigen Schuppenborke (Foto Seite 250). Verbreitung: Europa, Kaukasus, Sibirien, Nordafrika. Standort: Tieflagen, seltener in der montanen Stufe; Bach- und Flußufer, feuchte Laubwälder, vor allem Au- und Erlenbruchwälder. Bevorzugt auf staunassen oder zeitweilig überfluteten, tiefgründigen, meist kalkarmen, nährstoff- und humusreichen Böden. Frostharte, dürreempfindliche, tief und intensiv wurzelnde Lichtbaumart. Ähnliche Art: Grauerle (Seite 158).
Hinweis: Die 3 einheimischen Erlenarten leben in Symbiose mit »Strahlenpilzen« *(Actinomyceten)*, die zur Bindung von Luftstickstoff befähigt sind. Ort dieser Lebensgemeinschaft sind knöllchenartige Wucherungen an den Wurzeln; sie ermöglichen unter Erlenbestockung eine nachhaltige Bodenverbesserung.

Aus Stockausschlägen gewachsene Schwarzerlen werden meist mehrstämmig. ▷

Grauerle

Alnus incana Moench
(Birkengewächse)

Gestalt: Mittelgroßer, bis 15 (25) m hoher, meist mehrstämmiger Laubbaum. Triebe: Anfangs flaumig, später verkahlend. Blätter: Spreite breit elliptisch, spitz, nicht klebrig, 8–14 Paar Seitennerven;

Grauerle: Blattoberseite (l); graugrüne Blattunterseite (r); die Blätter haben (im Unterschied zur Schwarzerle) 8–14 Paar Seitennerven.

unterseits graugrün, mehr oder weniger bleibend behaart. Sonst wie Schwarzerle. Blüten (II–IV; vor dem Laubaustrieb, meist vor der Schwarzerle): Wie Schwarzerle; aber ♀ Blütenzäpfchen sitzend oder an kurzen, behaarten Stielen.

Blüte der Grauerle: schlaff hängende, lange ♂ Kätzchen und unscheinbar kleine, sitzende, rotbraune ♀ Zäpfchen.

Früchte: Wie Schwarzerle; aber Zäpfchen etwas kleiner, sitzend bis kurzgestielt. Rinde: Glatt, silbergrau, kaum Borkenbildung (Foto Seite 250); Stämme oft spannrükkig. Verbreitung: Nord-, Mittel-, Osteuropa, Kaukasus. Standort: In Mitteleuropa im montanen Bereich (500–1500 m); Auwälder der Gebirgsflüsse und -bäche, Hangvernässungen. Feuchte bis sickernasse, gelegentlich überflutete, meist nährstoffreiche, kalkhaltige Böden; meidet im Gegensatz zur Schwarzerle Staunässe, erträgt aber mehr Trockenheit. Frostharte, intensiv wurzelnde Licht- und Pionierbaumart, reichlich Wurzelsproßbildung. Ähnliche Arten: Schwarzerle (Seite 156), Grünerle.
Hinweis: Siehe Hinweis Seite 156.

Grünerle

Alnus viridis DC.
(Birkengewächse)

Gestalt: Bis 3 m hoher Strauch. Blätter: Wie Grauerle; aber anfangs klebrig, unterseits hellgrün, bis auf die Nervenwinkel kahl.

Grünerle: Zweig mit vorjährigen und jungen, grünen Fruchtzäpfchen (l); ♂ Blütenkätzchen und (links daneben) kleine ♀ Blütenstände (r).

Verbreitung: Gebirge Mittel- und Südosteuropas. Standort: Bestandsbildend im subalpinen Knieholz (1500–2200 m, vor allem im zentralalpinen Silikatbereich), vereinzelt auch tiefer an Wegböschungen, Bachufern, auf Weiden, in Lawinenzügen. Frische bis feuchte, nährstoffreiche, meist kalkarme Böden. Ähnliche Art: Grauerle.
Hinweis: Siehe Hinweis Seite 156

Grauerle. ▷

Hainbuche

Weißbuche, Hagebuche
Carpinus betulus L.
(Birkengewächse)

Gestalt: Bis 25 m hoher Laubbaum mit dichter, rundlicher Krone. Blätter: Wechselständig, zweizeilig angeordnet. Stiel 5–15 mm lang; Spreite faltig, eiförmig elliptisch,

Zweig mit Fruchtständen.

spitz, Basis abgerundet bis schwach herzförmig, 5–11 cm lang, doppelt gesägt; oberseits dunkelgrün, kahl; unterseits heller, in den Winkeln der stark hervortretenden Nerven behaart; Seitennerven zum Blattrand hin nicht

Stamm mit der typischen Spannrückigkeit und der grauen, glatten Rinde (l); Blatt (r).

verzweigt. Blüten (V, VI; mit dem Laubaustrieb): Einhäusig verteilt. ♂ in reichblütigen, schlaff hängenden, 4–7 cm langen Kätzchen, Einzelblüte ohne Blütenhülle, mit 6–12 Staubblättern. ♀ in endständigen, 2–3 cm langen, lockerblütigen Kätzchen, Einzelblüte mit unscheinbarer Blütenhülle und 2 fadenförmigen Narben. Früchte (X): In lockeren, bis 15 cm langen, hängenden Fruchtständen. Nüßchen am Grunde einer 3lappigen Hülle, abgeflacht eiförmig, einsamig,

♂ Blütenkätzchen vor der Blüte (l); Fruchtstand (r), die Nüsse sitzen versteckt am Grunde eines dreilappigen Blattorgans.

hart, längsgerippt, 5–10 mm lang, anfangs grün, später braun. Abfall der Früchte von Herbst bis zum Frühjahr. Rinde: Glatt, grau, ähnlich der Rotbuche, doch im Unterschied zu dieser Stamm spannrükkig (mit Längswülsten und Furchen); später seicht rissig, kaum Borkenbildung. Verbreitung: Europa, Kleinasien, Kaukasus, Nordpersien. Standort: Tieflagen mit sommerwarmem Klima, im Gebirge kaum über 800 m; Laubmischwälder (Eichen-Hainbuchenwald, Hartholzaue), Wald- und Wegränder, Gebüsche. Bevorzugt frische bis feuchte, nährstoff- und basenreiche, tiefgründige, lehmige Böden; tief wurzelnde Halbschattbaumart; häufig in Parks, beliebte Heckenpflanze, da regelmäßiger Rückschnitt gut vertragen wird (große Ausschlagsfähigkeit, auch aus dem Stock). Ähnliche Art: Hopfenbuche (Seite 162).

Hainbuche. ▷

Baumhasel

Corylus colurna L.
(Birkengewächse)

Gestalt: Bis 20 m hoher, geradstämmiger Laubbaum mit dichter, kegelförmiger Krone. Blätter: Wie Haselnuß; Spreite meist aber etwas größer (7–15 cm lang), Stiel

Blätter der Baumhasel.

♀ Blütenstände der Baumhasel.

2–6 cm lang. Blüten: Wie Haselnuß. Früchte (IX, X): In Büscheln; Nüsse annähernd so breit wie lang, umgeben von einer Hülle, die tief in viele längliche, die Nuß überragende Zipfel zerschlitzt ist;

Fruchtstand der Baumhasel; die Nüsse sind völlig eingehüllt von den zerschlitzten Fruchthüllen.

Samen eßbar. Rinde: Frühe Bildung einer grauen, rauhschuppigen Borke. Verbreitung: Südosteuropa bis Westasien. In Mitteleuropa Park- und Straßenbaum. Standort: Wärmeliebende Eichenmischwälder. Winterhart. Ähnliche Arten: Haselnuß (S. 164).

Hopfenbuche

Ostrya carpinifolia Scop.
(Birkengewächse)

Gestalt: Bis 20 m hoher Laubbaum. Blätter: Wie Hainbuche; aber mitunter einige Seitennerven zum Blattrand hin verzweigt. Blüten (IV, V; mit dem Laubaustrieb): Wie Hainbuche, aber ♂ Kätzchen erscheinen bereits im Sommer des Vorjahres, blühend bis 12 cm lang. Früchte (VII, VIII): In hängenden, hopfenähnlichen Fruchtständen; Nuß von einer sackförmigen

Hopfenbuche: Blatt (l); Fruchtstand (r).

Fruchthülle umschlossen. Rinde: Anfangs glatt, grau (Foto Seite 250). Dunklere, rissige, schuppig abblätternde Borke. Verbreitung: Südost-, Südeuropa, nördlich bis zu den Südalpen, Kleinasien. Standort: Submediterrane Laub-misch- und Buschwälder (häufig mit Flaumeiche, Blumenesche); auf Kalk- wie Silikatgesteinen; wärmeliebend. Ähnliche Art: Hainbuche (Seite 160).

Baumhasel (oben); Zweig der Hopfenbuche zur Fruchtzeit (unten). ▷

Haselnuß

Corylus avellana L.
(Birkengewächse)

Gestalt: Bis 6 m hoher Strauch, oder kleiner Baum. Blätter: Wechselständig. Stiel drüsig behaart, 5–15 mm lang; Spreite rundlich bis breit verkehrt eiförmig, zuge-

Zweig der Haselnuß.

spitzt, Basis herzförmig, 6–13 cm lang (an kräftigen Schößlingen oft größer), doppelt gesägt bis schwach gelappt. Blüten (II–IV; vor dem Laubaustrieb): Einhäusig verteilt. ♂ in hängenden Kätzchen, die schon im Sommer des Vorjahres erscheinen. ♀ Blütenstände klein, ähneln Laubknos-

Haselnuß: Blatt (l); ♂ Blütenkätzchen und ein knospenförmiger ♀ Blütenstand (r).

pen, aber mit fädigen, roten Narben. Früchte (VIII–X): Einsamige Nüsse; umgeben von einer zerschlitzten, becherförmigen Hülle; diese aus 2 getrennten Lappen gebildet, etwa so lang wie die Nuß; Samen eßbar, ölreich. Rinde: Glatt, braungrau, oft etwas glänzend; später seicht rissig, keine Borke (Foto Seite 250). Verbreitung: Europa, Kleinasien, Kauka-

Fruchtstand der Haselnuß.

sus. Standort: Von der Ebene bis ins Gebirge, gelegentlich bis in die subalpine Stufe; Laub- und Buschwälder, Wald- und Wegränder, Hecken. Frische, tiefgründige, nährstoffreiche, lehmige Böden; flach wurzelnde Halbschattbaumart; verbreitet kultiviert. Ähnliche Arten: Baumhasel (Seite 162), Lambertshasel.

Lambertshasel

Corylus maxima Mill.
(Birkengewächse)

Unterschiede zur Haselnuß: Blätter: Meist größer. Früchte: Hülle röhrenförmig, geschlossen oder einseitig gespalten, länger als die Nuß, über dieser meist verengt. Verbreitung: Südosteuropa, Kleinasien. In Mitteleuropa kultiviert. Ähnliche Art: Haselnuß.

Bluthasel.

Hinweis: Die »Bluthasel« ist eine rotblättrige Form der Lambertshasel mit dunkelroten Blättern und Fruchthüllen.

Blühende Haselnuß (oben); Korkenzieherhasel, Zierform der Haselnuß (unten). ▷

Rotbuche

Fagus sylvatica L.
(Buchengewächse)

Gestalt: Bis 40 m hoher Laubbaum; im Freistand kurzstämmig mit weit ausladender Krone; im geschlossenen Bestand dagegen langer, astfreier, säulenförmiger Schaft und eine schmale Krone. Blätter: Wechselständig, zweizeilig angeordnet. Stiel 1-1,5 cm lang; Spreite eiförmig bis elliptisch, spitz, 5-10 (15) cm lang, 5-9 Paar Seitennerven; Blattrand schwach

Zweig der Rotbuche.

wellig, ganzrandig oder mitunter stumpf gezähnelt; anfangs seidig behaart, später verkahlend. Blüten (Ende IV, V; mit dem Laubaustrieb): Einhäusig verteilt. ♂ in langgestielten, schlaff hängenden, reichblütigen Knäueln; jede Blüte mit 5-15 Staubblättern; ♀ zu je 2

Spindelförmig schlanke Winterknospen (l) und Blatt.

in aufrechten, kurzgestielten, filzigen Köpfchen. Früchte (IX, X): Je 2 scharf dreikantige, 1-2 cm lange, braune Nüßchen (Bucheckern) in einem braunen, verholzten, weich-

Die Blüte der Rotbuche, hier die ♂ Blütenstände, fällt in die Zeit der Blattentfaltung.

stacheligen Fruchtbecher (Kupula), der sich zur Reifezeit mit 4 Klappen öffnet. Rinde: Silbergrau, bis ins hohe Alter glatt; keine oder nur ausnahmsweise Borkenbildung; Stamm nicht spannrückig (Foto Seite 250). Verbreitung: Mit-

Langgestielte, hängende ♂ (l) und aufrechte ♀ Blütenstände (r) kurze Zeit nach der Blüte.

tel-, West- und Südeuropa. Standort: Weit verbreitet in Laubmisch- und reinen Buchenwäldern von der Ebene bis ins Gebirge (Alpen bis 1600 m), bevorzugt im Bereich feuchten und wintermilden (ozeanisch getönten) Klimas. Wuchsoptimum in der unteren Bergstufe auf frischen, mittel- bis tiefgründigen, lockeren, nährstoff- und kalkhaltigen Böden; gedeiht aber auch auf kalkarmen, sauren Substraten. Empfindlich gegen Dürre,

Fortsetzung Seite 168

Durch freien Stand breitkronige Rotbuche in drei Jahreszeiten. ▷

Staunässe, Überflutung, Spät- und extreme Winterfröste; tief wurzelnde Schattbaumart. Im mitteleuropäischen Klima von Natur aus der konkurrenzstärkste Waldbaum. Ähnliche Art: Orientbuche.

Die verholzten, stacheligen Fruchtbecher nach dem Ausfall der Bucheckern.

Hinweis: Von der Rotbuche gibt es zahlreiche Ziersorten. In Parks und Gärten häufig sind: Blutbuche *('Purpurea')*, Sammelbegriff für Formen mit mehr oder weniger intensiv dunkelrot gefärbten Laubblättern; Trauerbuche *('Pendula')*, Zweige hängend, Triebspitzen oft den Boden berührend.

Zweig einer Blutbuche.

Orientbuche

Fagus orientalis Lipsky
(Buchengewächse)

Gestalt: In Mitteleuropa bis 20 m, in seiner Heimat bis 40 m hoher Laubbaum; meist schmalkroniger als die Rotbuche. Blätter: Wie Rotbuche; aber im Durchschnitt etwas größer, größte Breite oberhalb der Mitte; Stiel ebenso wie die Unterseite der 7–12 Paar Seitennerven mehr oder weniger bleibend behaart. Früchte: Wie Rotbuche; aber die basalen Schuppenborsten des Fruchtbechers spatelig verbreitert, blattartig. Verbreitung: Südosteuropa, Kleinasien, Nordpersien, Kaukasus. In Mitteleuropa winterharter Parkbaum. Ähnliche Art: Rotbuche (Seite 166).

Orientbuche: Blatt, im Vergleich zur Rotbuche größer und mit mehr Seitennerven (l); reifende Frucht (r).

Blutbuche (oben); Rotbuchenbestand (unten). ▷

Edelkastanie

Castanea sativa Mill.
(Buchengewächse)

Gestalt: Bis 30 m hoher, breitkroniger Laubbaum. Blätter: Wechselständig. Derb; Stiel 1–2,5 cm lang; Spreite schmal elliptisch bis lanzettlich, spitz, 10–25 cm lang,

Zweig mit den straff aufrechten, langen ♂ Blütenkätzchen.

grannenspitzig gezähnt; oberseits glänzend dunkelgrün; unterseits heller, anfangs mehr oder weniger graufilzig behaart, verkahlend.

Blätter.

Blüten (Ende V–VII; nach dem Laubaustrieb): Einhäusig verteilt. ♂ in köpfchenförmigen Teilblütenständen, diese perlschnurartig an aufrechten, 10–25 cm langen Kätzchen aufgereiht. ♀ einzeln oder zu 2–3, meist am Grunde der ♂ Kätzchen, umhüllt von einem grünen, schuppig beblätterten Fruchtbecher; Narben weiß, fädig. Früchte (X): Ledrige, glänzend braune, einsamige, 2–3 cm lange

♂ Blütenkätzchen (l); die ♀ Blüten sind von einem schuppig beblätterten Fruchtbecher umschlossen, nur die weißen Narben ragen heraus (r).

Nüsse (Kastanien); zu 1–3 vom braungelben, dicht weichstacheligen, bis faustgroßen Fruchtbecher (Kupula) umschlossen, der sich reif mit 4 Klappen öffnet. Eßbar. Rinde: Anfangs glatt, olivbraun; Borke graubraun, längsrissig (Foto Seite 250). Verbreitung: Südeuropa, Kleinasien, Nordafrika. Im

Früchte.

südlichen Mitteleuropa gebietsweise eingebürgert. Standort: Submediterrane, eichenreiche Laubwälder in sommerwarmen, wintermilden, niederschlagsreichen Lagen, meist auf Silikat. Nördlich der Alpen frostgefährdet, in Südwestdeutschland seit langem eingeführt und verwildert; tief wurzelnde Halbschattbaumart.
Hinweis: Eine Pilzkrankheit (Kastaniensterben, Erreger: *Endothia parasitica)* verursacht in Kastanienbeständen große, zum Teil bestandsbedrohende Schäden.

Breitkronige Edelkastanien. ▷

Traubeneiche

Quercus petraea (Matt.) Liebl.
(Buchengewächse)

Gestalt: Bis 30 (40) m hoher Laubbaum; Stamm meist gerade und bis zum Wipfel durchgehend; Krone breit, geschlossener und regelmäßiger aufgebaut als bei der Stieleiche. Triebe: Kahl. Blätter: Wechselständig. Stiel 1–3 cm lang; Spreite verkehrt eiförmig bis elliptisch, 6–16 cm lang, Rand buchtig mit jederseits 4–8 stumpfen, seltener etwas zugespitzten Lappen,

Zweig.

Basis keilförmig, abgerundet oder schwach herzförmig; unterseits in den Nervenwinkel bärtig behaart (Lupe!). Blüten (V; mit dem Laubaustrieb): Einhäusig verteilt. ♂ in vielblütigen, schlaff hängenden, gelbgrünen Kätzchen. ♀ zu 1–6 dicht gedrängt in kurz- bis unge-

Das Traubeneichenblatt ist im Vergleich zu dem der Stieleiche länger gestielt, hat meist eine keilförmige Basis und ist mehr und regelmäßiger gelappt.

stielten Ständen, klein und unscheinbar; meist 3 rötliche Narbenäste. Früchte (IX, X): Zu 1–6 traubenförmig gedrängt in kurz- bis ungestielten Ständen; Eichel (im botanischen Sinn eine Nußfrucht) walzenförmig, 2–3 cm lang, im unteren Drittel vom anliegend beschuppten Fruchtbecher (Kupula) umschlossen; zunächst grün,

Kurzgestielter Fruchtstand mit zwei fast reifen Eicheln.

reif braun, auch im frischen Zustand ohne dunkle Längsstreifen. Rinde: Anfangs graugrün, glatt, schwach glänzend; Borke dick, tief längsrissig, graubraun. Verbreitung: West-, Mittel-, Südeuropa, Kaukasus. Standort: Laubwälder der Ebene bis in untere Berglagen, steigt im Gebirge höher als die Stieleiche. Ausgedehnte Bestände im Hügelland (Mittelgebirge) auf trockenen bis frischen, lockeren, mittel- bis tiefgründigen, lehmigen Böden; meidet nasse Standorte; eingesprengt auch in submediterranen Laubwäldern. Seit alters sowohl forstlich wie als Park- und Straßenbaum verbreitet kultiviert. Tief wurzelnde Halblichtbaumart. Ähnliche Arten: Stieleiche (Seite 174), Flaumeiche (Seite 176), Zerreiche (Seite 178).

Alte Traubeneiche. ▷

Stieleiche

Quercus robur L.
(Buchengewächse)

Gestalt: Bis 35 (50) m hoher Laubbaum; Stamm meist frühzeitig in starke Äste aufgelöst, Krone dadurch unregelmäßig aufgebaut, im Freistand weit ausladend. Blätter: Wechselständig. Stiel nur 2–10 mm lang; Spreite verkehrt ei- bis fast keilförmig, 5–15 cm lang;

Zweig (oben) und das kurzgestielte Blatt der Stieleiche (unten).

Rand buchtig mit jederseits 3–6 stumpfen Lappen; Basis mehr oder weniger herzförmig, geöhrt; beidseitig kahl. Blüten (V; mit dem Laubaustrieb): Einhäusig verteilt. ♂ in vielblütigen, schlaff hängenden, gelbgrünen Kätzchen; ♀ zu 1–6 in deutlich gestielten Ähren, unscheinbar, klein, meist 3 rötliche Narbenäste. Früchte (IX, X): Langgestielte (2–10 cm, Name!) Fruchtstände mit bis zu 3 (5) Eicheln (im botanischen Sinne Nußfrüchte); diese walzenförmig,

Blühender Zweig; die Blüte fällt in die Zeit des Laubaustriebs.

♂ Blütenkätzchen, darüber die unscheinbaren, roten ♀ Blüten (l); die Eicheln sitzen an einem langen Stiel, die Blätter sind an ihrer Basis geöhrt (r).

2–3 cm lang, im unteren Drittel von dem anliegend beschuppten Fruchtbecher (Kupula) umschlossen; zunächst grün, reif braun, im frischen Zustand mit dunklen Längsstreifen. Rinde: Anfangs graugrün, schwach glänzend; Borke dick, tief längsrissig, graubraun (Foto Seite 250). Verbreitung: Europa, Kaukasus. Standort: Laubmischwälder von der Ebene bis in untere Gebirgslagen. Verbreitungsschwerpunkte zum einen in den Niederungen großer Flüsse (Hartholzaue) auf gelegentlich überfluteten, tiefgründigen Lehmböden, zum anderen auf armen, sauren Böden (Eichen-Birken-, Eichen-Kiefernwälder). Seit alters her sowohl forstlich wie auch als Park- und Straßenbaum verbreitet kultiviert. Tief wurzelnde Lichtbaumart. Ähnliche Arten: Traubeneiche (Seite 172), Flaumeiche (Seite 176), Ungarische Eiche (Seite 176), Zerreiche (Seite 178).

Die Stieleiche bildet im Gegensatz zur Traubeneiche nur selten einen bis zum Wipfel durchgehenden Stamm. ▷

Flaumeiche

Quercus pubescens Willd.
(Buchengewächse)

Gestalt: Bis 25 m hoher, breitkroniger und meist krummwüchsiger Laubbaum; oft strauchförmig. Triebe: Dicht fein behaart. Blätter: Wechselständig. Stiel 8–15 mm lang, behaart; Spreite verkehrt eiförmig, 5–12 cm lang, Rand buchtig mit jederseits 4–7 stumpfen,

Zweig der Flaumeiche.

mitunter auch spitzen Lappen, Basis keil- bis herzförmig; anfangs beidseitig, später nur auf der graugrünen Unterseite flaumig behaart (Name!). Blüten: Wie Traubeneiche. Früchte (X): Zu 1–5 dicht gedrängt in kurzgestielten Fruchtständen; Eichel (Nußfrucht) eiförmig, spitz, meist etwas kleiner und

Flaumeiche: Blattoberseite (l); unterseits sind die Blätter ebenso wie ihr Stiel und die jungen Triebe flaumig behaart (r).

schlanker als bei der Traubeneiche, zu einem Drittel bis zur Hälfte vom anliegend beschuppten Fruchtbecher (Kupula) umschlossen. Rinde: Graubraun, Borke durch Längs- und Querrisse oft annähernd rechteckig zerklüftet (Foto Seite 250). Verbreitung: Südeuropa, südliches Mittel- und Westeuropa, Kleinasien, Kaukasus. Standort: Wärmeliebende, submediterrane Laubwälder; meist auf trockenen, nährstoffreichen, kalkhaltigen flach- bis mittelgründigen Böden. In Mitteleuropa nur vereinzelt an warm trokkenen Sonnenhängen (Rheintal, Kaiserstuhl, Mosel-, Nahetal). Tief wurzelnde Lichtbaumart. Ähnliche Arten: Traubeneiche (Seite 172), Stieleiche (Seite 174), Zerreiche (Seite 178).

Ungarische Eiche

Quercus frainetto Ten.
(Buchengewächse)

Gestalt: Bis 40 m hoher, breitkroniger Laubbaum. Triebe: Anfangs grau behaart, rasch kahlend. Blätter: Wechselständig. Stiel 2–8 mm; Spreite verkehrt eiförmig bis elliptisch, 10–20 cm lang, Rand tief

Das kurzgestielte, tief gebuchtete Blatt der Ungarischen Eiche.

und schmal gebuchtet, jederseits mit 7–10 Lappen; unterseits behaart. Früchte (X): Zu 1–5 in kurzgestielten Fruchtständen. Verbreitung: Süd-, Südosteuropa. In Mitteleuropa in Parks. Standort: Bevorzugt auf sonnigen, trockenen Berghängen.

Flaumeichen in submediterraner Landschaft. ▷

Zerreiche

Quercus cerris L.
(Buchengewächse)

Gestalt: Bis 35 m hoher Laubbaum. Triebe: Graufilzig, verkahlend. Knospen: Mit fädigen Nebenblättern. Blätter: Wechselständig. Derb; Stiel bis 2 cm lang;

Zweig der Zerreiche; Blätter derb, oberseits glänzend.

Spreite schmal elliptisch bis verkehrt eiförmig, 6–12 (16) cm lang, Rand buchtig mit jederseits 4–9 meist zugespitzten Lappen, Basis abgerundet bis schwach herzförmig; beidseitig rauh, unterseits

Zerreiche: Knospen mit den fädigen Nebenblättern (l); Blatt (r).

filzig, oft verkahlend. Fädige Nebenblätter, die bis zum nächsten Laubaustrieb bleiben. Früchte (IX): Zu 1–4 in kurzgestielten Fruchtständen; Eichel bis 3 cm lang, bis fast zur Hälfte vom Fruchtbecher umschlossen; dieser mit abstehenden, fädigen, bis 1 cm langen Schuppen. Reif im Herbst des 2. Jahres. Rinde: Frühe Bildung einer harten, graubraunen bis schwärzlichen, tief zerklüf-

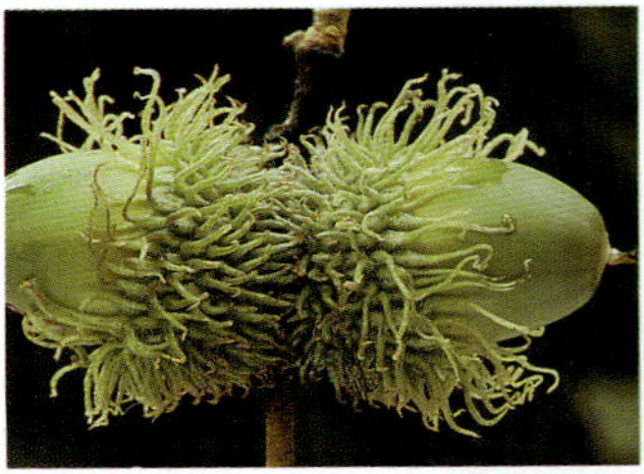

Fruchtstand der Zerreiche, Eicheln in einem Fruchtbecher mit langen, fädigen Schuppen.

teten Borke (Foto Seite 250). Verbreitung: Süd-, Südosteuropa, Kleinasien. In Mitteleuropa in Parks. Standort: Submediterrane Eichenwälder; sommerwarme, nicht zu trockene Kalk- und Silikatböden. Winterhart. Ähnliche Arten: Traubeneiche (Seite 172), Stieleiche (Seite 174), Flaumeiche (Seite 176).

Persische Eiche

Quercus macranthera Fisch. et M.
(Buchengewächse)

Gestalt: Bis 20 m hoher Laubbaum. Triebe: Graufilzig. Blätter: Wechselständig. Stiel 1–2 cm lang; Spreite verkehrt eiförmig bis elliptisch, 6–18 cm lang, Rand buchtig mit jederseits 8–11 Lappen; unterseits graufilzig. Fädige Nebenblät-

Persische Eiche: Blatt (l); Frucht (r).

ter. Verbreitung: Gebirge des Kaukasus und Nordpersiens. In Mitteleuropa winterharter Parkbaum.

Zerreichen in einem Park. ▷

Korkeiche

Quercus suber L.
(Buchengewächse)

Gestalt: Bis 15 (20) m hoher, kurzstämmiger, immergrüner Laubbaum mit breiter, lockerer Krone; häufig strauchförmig. Blätter: Wechselständig. Derb lederartig; Stiel 5-15 mm lang; Spreite eiförmig bis elliptisch, 3-7 cm lang, Basis abgerundet, Rand mit jederseits 4-6 stachelspitzigen Zähnen, mitunter aber auch fast ganzrandig;

Zweig mit Früchten.

oberseits kahl, glänzend dunkelgrün; unterseits graufilzig behaart, oft bis auf die Nerven verkahlend. Blüten: Wie Steineiche. Früchte: Wie Steineiche; aber Fruchtbecher (Kupula) mit locker stehenden, graufilzigen, zum Becherrand hin

Reifende Eicheln; Fruchtbecher mit abstehenden Schuppen.

verlängerten und abstehenden Schuppen. Rinde: Zweige, Äste und Stämme junger Bäume mit grauen Korkleisten; frühe Bildung einer weichen, aschgrauen Korkrinde, die im Alter sehr dick und grob gefurcht sein kann. Verbreitung: Mittelmeergebiet (ursprünglich hauptsächlich westmediterran). Standort: Lichte Laubwälder, oft in lockeren, gebüschreichen Reinbeständen kultiviert. Mittel- bis flachgründige, steinige, meist kalkarme Böden warmer, sommertrockener Lagen; sehr frostempfindlich. Ähnliche Art: Steineiche (Seite 182).

Korkrinde.

Hinweis: Zur Korkgewinnung ist dieser Baum seit langer Zeit in Kultur. Die zuerst gebildete, harte und wenig elastische Korkrinde ist wirtschaftlich ohne Bedeutung. Erst nach dem Schälen dieser Rinde im Alter von etwa 20 Jahren wird hochwertiger, weicher Kork gebildet, der wiederholt in etwa zehnjährigem Abstand geerntet werden kann. Portugal und Südspanien sind die Zentren der Korkproduktion. Dort sind auf weiten Flächen Korkeichenwälder gepflanzt, die regelmäßig gelichtet werden, damit die Bäume große, starkästige Kronen bilden, die den höchsten Korkertrag bringen.

Korkeiche. ▷

Steineiche

Quercus ilex L.
(Buchengewächse)

Gestalt: Bis 20 m hoher, meist kurzstämmiger, sparrig verzweigter, immergrüner Laubbaum mit breiter, rundlicher Krone; häufig strauchförmig. Blätter: Wechselständig. Derb lederartig; Stiel

Immergrüne, derb ledrige, glänzende Blätter.

6–15 mm lang; Spreite in der Form sehr veränderlich, eiförmig elliptisch bis lanzettlich, 2–8 cm lang, Basis abgerundet, ganzrandig oder stachelspitzig gezähnt; oberseits behaart oder kahl und glänzend

Blatt mit stachelspitzig gezähntem Rand.

dunkelgrün; unterseits bleibend dicht graufilzig. Blüten (IV, V): Einhäusig verteilt. ♂ in vielblütigen, schlaff hängenden Kätzchen, gelbgrün; ♀ zu 1 oder 2 (selten auch 3) in kurzgestielten Ähren, klein und unscheinbar. Früchte (IX, X): Kurzgestielte Fruchtstände mit 1 oder 2 Eicheln (im botanischen Sinn Nußfrüchte); diese länglich eiförmig, bis 3 cm lang, zu einem Drittel bis zur Hälfte vom Fruchtbecher (Kupula) umschlos-

Zweig mit ganzrandigen Blättern und jungen Eicheln; Fruchtbecher mit anliegenden Schuppen.

sen; Becherschuppen dicht anliegend, weich behaart. Rinde: Braungraue, flach rissige, kleinschuppige Borke. Verbreitung: Mittelmeergebiet, (hauptsächlich westmediterran) nördlich bis zu den Südalpen. Standort: Charakterbaum der mediterranen Hartlaubwälder mit feuchtmilden Wintern und trockenheißen Sommern. Weit verbreitet in der Macchie. Häufig, aber nicht ausschließlich auf nährstoff- und basenreichen Böden. In Mitteleuropa selbst in milden Lagen wegen der hohen Frostempfindlichkeit (im Vergleich zur Korkeiche frosthärter) nur bedingt anbaubar; auf den britischen Inseln relativ gut gedeihend. Ähnliche Art: Korkeiche (Seite 180).

Hinweis: Steineichenwälder wären von Natur aus eine weit verbreitete Pflanzengesellschaft des Mittelmeergebietes. Sie sind heute bis auf verschwindend kleine Reste zerstört und durch Gebüschvegetation ersetzt.

Steineiche mit dichter, runder Krone. ▷

Roteiche

Quercus rubra L.
(Buchengewächse)

Gestalt: Bis 30 (50) m hoher, raschwüchsiger Laubbaum; Krone anfangs kegelförmig, im Alter breit und rund. Blätter: Wechselständig. Stiel 2–5 cm lang; Spreite im Umriß elliptisch, 10–25 cm lang,

Zweig (l) und Blatt (r); die Blattlappen sind grannenspitzig gezähnt.

5–15 cm breit, Basis keilförmig bis rund, Rand buchtig, jederseits mit 4–6 unregelmäßig grannenspitzig gezähnten Lappen; Buchten rund oder keilförmig, meist nicht tiefer als bis zur Mitte der Blattlängshälfte; oberseits stumpf dunkelgrün, unterseits heller. Orange- bis

Herbstfärbung.

scharlachrote Herbstfärbung. Blüten (V): Einhäusig verteilt. ♂ in langen, lockerblütigen, gelbgrünen Kätzchen. ♀ einzeln oder zu 2 sitzend bis sehr kurzgestielt, klein und unscheinbar. Früchte (X): Gedrungen eiförmige, bis 2,5 cm große Eicheln (Nußfrüchte), zu 1–2 sitzend oder an einem kurzen,

Die Blüten, hier die ♂ Kätzchen, erscheinen zusammen mit den Blättern.

kräftigen Stiel; Fruchtbecher (Kupula) schüsselförmig flach, die rotbraune Eichel weniger als zu einem Drittel umschließend. Frucht im ersten Jahr nur erbsengroß, reif

Die gedrungen eiförmigen Eicheln sitzen in einem schüsselförmigen Fruchtbecher.

im Herbst des 2. Jahres. Rinde: Grau, lange Zeit glatt (Foto Seite 250); Borke dunkelgrau, dünnschuppig. Verbreitung: Mittleres und östliches Nordamerika; dort häufiger Waldbaum. In Mitteleuropa seit über 200 Jahren beliebter Park- und Straßenbaum, forstlich in großem Umfang angebaut. Standort: Gedeiht sowohl auf nährstoffreichen Lehm-, als auch ärmeren Sandböden, meidet extreme Flachgründigkeit, hohe Grundwasserstände und sehr kalkreiche Böden; tief wurzelnde Lichtbaumart. Ähnliche Arten: Scharlacheiche, Sumpfeiche (Seite 186).

Freistehende Roteiche mit sehr breiter, starkästiger Krone. ▷

Scharlacheiche

Quercus coccinea Münchh.
(Buchengewächse)

Gestalt: Bis 30 m hoher, raschwüchsiger Laubbaum mit lockerer, runder Krone. Blätter: Wechselständig. Stiel 3–6 cm lang; Spreite im Umriß elliptisch, 8–18 cm lang, im Durchschnitt kleiner als die der Roteiche, aber größer als die der Sumpfeiche, Basis breit keilförmig bis quer abgeschnitten, Rand buchtig mit jederseits 3, seltener 4 unregelmäßig grannenspitzig gezähnten, mehr oder weniger schmalen Lappen; Buchten breit und tief halbkreisförmig, bis fast zur Mittelrippe reichend; oberseits glänzend grün, unterseits schwach

Scharlacheiche: Die Blätter haben auf jeder Seite meist 3 gezähnte Lappen und tiefe, abgerundete Buchten.

glänzend hellgrün. Herbstfärbung leuchtend scharlachrot. Blüten: Wie Roteiche. Früchte (X): Eicheln (Nußfrüchte) gedrungen eiförmig, bis 2,5 cm lang; zu einem Drittel bis zur Hälfte vom grobschuppigen Fruchtbecher (Kupula) umschlossen. Reif im Herbst des 2. Jahres. Verbreitung: Östliches und zentrales Nordamerika. In Mitteleuropa Zierbaum in Parks und Gärten. Standort: Häufig auf armen, trockenen, sauren Böden. Ähnliche Arten: Roteiche (Seite 184), Sumpfeiche.

Sumpfeiche

Quercus palustris Münchh.
(Buchengewächse)

(Gestalt): Bis 30 m hoher, raschwüchsiger Laubbaum mit breit kegelförmiger bis runder Krone und geradem, meist bis zum Wipfel verfolgbarem Stamm; Äste häufig waagerecht mit vielen dünnen, abwärts geneigten Zweigen. Blätter: Wie Scharlacheiche; aber im Durchschnitt etwas kleiner und

Sumpfeiche: Zweig (l), Blatt (r); Scharlach- und Sumpfeiche lassen sich anhand der Blätter kaum unterscheiden.

schlanker. Blüten: Wie Roteiche. Früchte (X): Kleine, nur bis 1,2 cm große, kugelig eiförmige Eicheln (Nußfrüchte; gutes Unterscheidungsmerkmal zur Scharlacheiche). Reif im Herbst des 2. Jahres. Verbreitung: Nordöstliches und zentrales Nordamerika. In Mitteleuropa in Parks und Gärten. Standort: Tieflagen, meist im Überschwemmungsbereich von Flüssen auf feuchten bis nassen Böden. Ähnliche Arten: Roteiche (Seite 184), Scharlacheiche.

Scharlacheiche. ▷

Bergulme

Ulmus glabra Huds.
(Ulmengewächse)

Gestalt: Bis 40 m hoher Laubbaum mit breiter, gewölbter Krone. Blätter: Wechselständig, zweizeilig angeordnet. Stiel kurz, nur 3–6 mm lang; Spreite elliptisch bis verkehrt eiförmig, 8–16 cm lang, größte

Zweig.

Breite oberhalb der Mitte, meist mehr oder weniger deutlich dreispitzig mit ausgezogener mittlerer Spitze, Basis unsymmetrisch, doppelt gesägt; beidseitig rauh behaart. Blüten: Wie Feldulme; aber Blütenhülle rostrot bewimpert,

Winterknospen (l); Blatt (r) mit unsymmetrischer Basis und der dreizipfligen Spitze.

Narben rötlich. Früchte: Wie Feldulme; aber etwas größer (2–3 cm lang), Nüßchen in der Mitte der Flügelfrucht. Rinde: Anfangs glatt; Borke graubraun, hart, dünn, längsrissig. Verbreitung: Europa, Kleinasien, Kaukasus. Standort: Laubmischwälder des Hügellandes bis in mittlere Gebirgslagen (Alpen bis 1400 m);

Die kleinen, büscheligen Blütenstände erscheinen vor den Blättern (l); Fruchtstand mit den ringsum geflügelten Nüßchen (r).

häufig mit Buche, Bergahorn, Esche und Linde. Bevorzugt feuchte, nährstoff- und basenreiche, lockere, humose, tiefgründige Böden in kühlen, luftfeuchten Lagen (Schluchten, Schatthänge). Winter- und Spätfrostharte, tief wurzelnde Halbschattbaumart. Beliebter Park- und Straßenbaum. Ähnliche Arten: Feldulme (Seite 190), Flatterulme (Seite 192). Hinweis: 1. Natürlich entstandene Hybriden zwischen der Feld- und Bergulme werden als Holländische Ulme *(Ulmus x hollandica)* bezeichnet. In ihren Merkmalen steht sie zwischen den Eltern, so daß die Unterscheidung von diesen, ebenso wie Angaben zum natürlichen Vorkommen problematisch sind. 2. Siehe Hinweis Seite 192.

Bergulme. ▷

Feldulme

Ulmus minor Mill.
(Ulmengewächse)

Gestalt: Bis 30 m hoher Laubbaum mit breiter, gewölbter Krone; gelegentlich strauchförmig. Blätter: Wechselständig, zweizeilig ange-

Noch vor dem Laubaustrieb reifen die Früchte zu voller Größe heran.

ordnet. In Form und Größe sehr veränderlich; Stiel 5–15 mm lang; Spreite elliptisch mit ausgezogener Spitze, 4–12 cm lang, Basis asymmetrisch, einfach bis doppelt gesägt; oberseits meist kahl, glän-

Zweige mit Korkleisten (l); Blatt (r) mit der deutlich unsymmetrischen Basis.

zend dunkelgrün; unterseits in den Nervenwinkeln behaart. Blüten (III, IV; vor dem Laubaustrieb): Zwittrig, gelegentlich auch getrenntgeschlechtig. In dichten, vielblütigen Büscheln; Einzelblüte 3–5 mm lang, kurzgestielt bis sitzend, mit unscheinbarer, weiß bewimperter Blütenhülle, 4–6 langfädigen Staubblättern und weißlichen Narben. Früchte (V, VI): In Büscheln; 1,5–2,5 cm lang, kurzgestielt, kahl; ringsum häutig geflügelte, flache Nüßchen; diese sitzen

Blüten (l), Früchte (r).

nahe der Einkerbung am vorderen Flügelrand; zunächst grün, reif gelbbraun. Rinde: Anfangs glatt, Zweige oft mit grauen Korkleisten; Borke graubraun, durch Längs- und Querrisse gefeldert. Verbreitung: Europa (ohne Skandinavien), Nordafrika, Kleinasien, Kaukasus. Standort: Tieflagen, Hügelland; eichenreiche Laubmischwälder, oft in der Hartholzaue großer Flußniederungen, an Waldrändern und in Feldgehölzen. Mäßig trockene bis frische, gelegentlich überflutete, tiefgründige, lockere, nährstoff- und basenreiche Böden; oft auf Kalk. Wärmeliebende, tief wurzelnde Halbschattbaumart; Park- und Alleebaum; reichlich Bildung von Wurzelbrut. Ähnliche Arten: Bergulme (Seite 188), Flatterulme (Seite 192).

Hinweis: Siehe Hinweis auf den Seiten 188 und 192.

Bizarr gewachsene Feldulme. ▷

Flatterulme

Ulmus laevis Pall.
(Ulmengewächse)

Gestalt: Bis 30 m hoher Laubbaum mit breiter, gewölbter Krone; Wurzelanläufe am Stammfuß starker Bäume oft brettartig verbreitert. Blätter: Wechselständig, zweizeilig angeordnet. Stiel 5–8 mm lang; Spreite elliptisch mit ausgezogener Spitze, 6–15 cm lang, Basis asymmetrisch, doppelt gesägt, die größeren Zähne meist nach vorne gerichtet; anfangs beidseitig weich behaart, später oberseits kahl, schwach glänzend, unterseits hell- bis graugrün, mehr oder weniger bleibend weichhaarig. Blüten: Wie Feldulme; aber Blüten langgestielt, Blütenbüschel dadurch lokker und »flattrig« (Name!) überhängend. Früchte: Wie Feldulme; aber kleiner (1–1,5 cm lang), bis 2 cm lang gestielt, hängend; Nüßchen in der Mitte der Flügelfrucht; Flügel am Rand bewimpert. Rinde: Borke graubraun, längsrissig, dünnschuppig abblätternd (Foto Seite 250). Verbreitung: Mittel-, Südost-, Osteuropa, Kleinasien. Standort: Laubmischwälder sommerwarmer Tieflagen (selten über 600 m); häufig in der Hartholzaue großer Flußniederungen. Feuchte bis nasse, zeitweilig überflutete, tiefgründige, nährstoff- und basenreiche Lehm- und Tonböden. Tief wurzelnde Halbschattbaumart; Park- und Alleebaum, Wurzelbrutbildung. Ähnliche Arten: Bergulme (Seite 188), Feldulme (Seite 190).

Zweig.

Hinweis: Seit etwa 1920 verursacht das Ulmensterben, eine durch den Pilz *Ceratocystis ulmi* ausgelöste Verstopfung der Wasserleitbahnen des Baumes, in ganz Europa große, gebietsweise bestandsbedrohende Verluste bei allen drei einheimischen Ulmen. Das äußere Krankheitsbild ist durch Welkeerscheinungen und Absterben von Ästen gekennzeichnet. Bei akutem Krankheitsverlauf stirbt der Baum rasch ab.

Normale Winterknospen sind schlank und spitz; Blütenknospen (l) hingegen kugelig; »flattrig« hängende Blütenbüschel (r) sind das namengebende Merkmal der Flatterulme.

Flatterulme. ▷

Kaukasische Zelkove

Zelkova carpinifolia K. Koch
(Ulmengewächse)

Gestalt: Bis 25 m hoher, oft mehrstämmiger Laubbaum; Äste steil aufwärts gerichtet, Krone dadurch dicht, geschlossen eiförmig. Blätter: Wechselständig. Stiel 2–3 mm lang; Spreite eiförmig bis elliptisch, spitz, 2–7 cm lang, Basis

Zweizeilig wechselständig beblätterter Zweig der Kaukasischen Zelkove.

rund bis schwach herzförmig, grob gesägt; oberseits etwas rauh, unterseits vor allem auf den Nerven behaart. Früchte: Kurzgestielte, etwa 5 mm große, schiefe Steinfrüchte. Rinde: Buchenähnlich; grau, lange Zeit glatt; später schuppig abblätternd. Verbreitung: Kaukasus. In Mitteleuropa gelegentlich in Parks.

Südlicher Zürgelbaum

Celtis australis L.
(Ulmengewächse)

Gestalt: Bis 25 m hoher Laubbaum mit eirunder Krone. Blätter: Wechselständig, zweizeilig angeordnet. Stiel 0,5–1,8 cm lang; Spreite schief eiförmig bis lanzettlich, mit lang ausgezogener, schwanzartiger Spitze, 5–16 cm lang, Basis asymmetrisch, grob gesägt; oberseits rauh, dunkelgrün; unterseits graugrün, meist weich behaart. Blüten (V; mit dem Laubaustrieb): Einzelne, blattachselständige Zwitterblüten, langgestielt, klein, mit 2 großen, fedrigen Narben; daneben ♂ Blüten in we-

Zweig des Zürgelbaums; zweizeilig wechselständige Blattstellung ist ein gemeinsames Merkmal der Ulmengewächse.

nigblütigen Büscheln. Früchte (VIII–X): Kugelige, etwa 1 cm große Steinfrüchte, einzeln an 2–2,5 cm langen, dünnen Stielen in den Achseln von Laubblättern; anfangs gelbgrün, später rötlich bis schwarzviolett. Fruchtfleisch wohlschmeckend. Rinde: Buchen-

Südlicher Zürgelbaum: Blatt mit schiefer Basis und lang ausgezogener Spitze (l); die kugeligen Steinfrüchte sind einzeln in den Achseln der Laubblätter (r).

ähnlich; grau, lange Zeit glatt, im Alter aufreißend. Verbreitung: Südeuropa, nördlich bis zu den Südalpen, Nordafrika, Vorderasien. Standort: Submediterrane und mediterrane Laubwälder und Felsgebüsche; ohne besondere Bodensansprüche; wärmeliebend, nördlich der Alpen nur in sehr milden Lagen winterhart.

Beeindruckende Baumgestalt einer Kaukasischen Zelkove; typisch sind die steil aufwärts gerichteten Äste und die schuppige Borke. ▷

Weißer Maulbeerbaum

Morus alba L.
(Maulbeerbaumgewächse)

Gestalt: Bis 15 m hoher, rundkroniger Laubbaum; häufig strauchförmig. Blätter: Wechselständig. Stiel über 1,5 cm lang, Milchsaft führend; Spreite von veränderlicher Form, dünn, breit eiförmig, spitz, 6–15 cm lang, Basis gestutzt

Unterschiedliche Blattformen des Weißen Maulbeerbaums; Blätter länger gestielt als die des Schwarzen Maulbeerbaums.

oder seicht herzförmig, ungelappt oder 3–5lappig, grob gesägt; beidseitig ziemlich kahl. Blüten (V, VI): Ein- oder zweihäusig verteilt. ♂ in gestielten, 1,5–3 cm langen, hellgrünen Kätzchen; ♀ in 5–12 mm großen, gestielten Köpfchen; Stiel so lang oder länger als der Blütenstand. Früchte (ab VII): Kleine, von der fleischig gewordenen Blütenhülle umschlossene Nüßchen,

Weißer Maulbeerbaum: »Maulbeeren« unterschiedlicher Reife.

die eine brombeerähnliche Sammelfrucht (»Maulbeere«) bilden; diese 1–2,5 cm lang, gestielt, im reifen Zustand weiß oder rot bis schwarzrot; eßbar, von fadsüßem Geschmack. Rinde: Foto Seite 250. Verbreitung: Mittel- und Ostasien. In Südost- und Südeuropa häufig, in Mitteleuropa in milden Lagen gelegentlich kultiviert. Standort: Gebüsche, Gärten, Alleen. Ähnliche Art: Schwarzer Maulbeerbaum.
Hinweis: Siehe Hinweis unten.

Schwarzer Maulbeerbaum

Morus nigra L.
(Maulbeerbaumgewächse)

Unterschiede zum weißen Maulbeerbaum: Blätter: Kürzergestielt; Spreite derb, Basis meist deutlich herzförmig; oberseits rauh, unterseits weichhaarig. Blüten: ♀ Blütenstände sitzend bis kurzgestielt. Früchte: »Maulbeere« sitzend bis kurzgestielt; rötlich oder glänzend schwarz; wohlschmeckend säuerlichsüß. Verbreitung: Vorderasien. In Mitteleuropa in Weinbaulagen angebaut, gelegentlich verwildert.

Schwarzer Maulbeerbaum: Blatt mit deutlich herzförmiger Basis (l); »Maulbeeren« im Unterschied zum Weißen Maulbeerbaum nicht oder sehr kurzgestielt (r).

Hinweis: Beide Maulbeerbäume sind alte Kulturpflanzen. Die Blätter, vorzugsweise die zarten des Weißen Maulbeerbaums, dienen zur Aufzucht von Seidenspinnerraupen. Der Schwarze Maulbeerbaum wird hauptsächlich der Früchte wegen kultiviert.

Weißer Maulbeerbaum. ▷

Echter Feigenbaum

Ficus carica L.
(Maulbeerbaumgewächse)

Gestalt: Bis 10 m hoher, kurzstämmiger Laubbaum mit runder, lokkerästiger Krone; oft strauchförmig. Blätter: Wechselständig. Stiel 4–8 cm lang; Spreite derb ledrig,

Zweige mit Früchten.

8–20 cm lang, etwa ebenso breit, tief handförmig gebuchtet mit 3–5 (7) Lappen, selten auch ungelappt, Basis herzförmig. Blüten: Bei der Wildform einhäusig verteilt. Klein; sitzen im Hohlraum der grünen, birnenförmigen Blütenstandsachse; die ♀ am Grunde des Hohlraums, die ♂ im oberen Teil nahe der winzigen Öffnung

Handförmig gelappte Blätter.

(Siehe Hinweis). Früchte: Fruchtstand (Feige) birnenförmig, 5–8 cm lang, grün oder braun bis braunviolett; Fruchtfleisch grün oder rot, wohlschmeckend, enthält die kleinen Nüßchen. Rinde: Hell-

Reifende Feigen.

grau, lange Zeit glatt. Verbreitung: Mittelmeergebiet, nördlich bis zu den Südalpen, Klein- und Westasien. Daneben in vielen klimatisch hierfür geeigneten Teilen der Erde kultiviert. Standort: Trockene Felshänge, Steineichengebüsch, entlang von Mauern. Frostempfindlich, in Mitteleuropa nur im Bereich des Weinbauklimas anbaubar.

Hinweis: Kulturfeigen treten in zwei verschiedenen Formen auf; Bäume mit fruchtbaren ♀ Blüten, aus denen sich die eßbaren Feigen entwickeln und Bäume (Bocksfeigen) mit ♂ Blüten und ♀ Blüten, die ausschließlich der Vermehrung des Bestäuberinsekts, der Feigengallwespe *(Blastophaga psenes)*, dienen. Fruchtansatz in Feigenkulturen ist deshalb nur in Gegenwart einiger Bocksfeigen oder zumindest deren Blütenstände möglich. Neuere Feigenrassen tragen auch ohne Bestäubung Früchte. Wildfeigen dagegen bilden auf einem Baum drei Blütenstandsgenerationen; aus der des Sommers entstehen die reifen Feigen, die Frühjahrsgeneration dient der Pollenproduktion und wie die Herbstgeneration der Vermehrung der Feigengallwespe.

Graurindiger, glatter Stamm mit Fruchtzweig (oben); breitkroniger, kurzstämmiger Baum einer Feigenplantage (unten). ▷

Kobushi-Magnolie

Magnolia kobus DC.
(Magnoliengewächse)

Gestalt: Bis 20 m hoher, breitkroniger Laubbaum; häufig strauchförmig. Blätter: Wechselständig. Elliptisch bis verkehrt eiförmig,

Blätter und junger Fruchtstand der Kobushi-Magnolie.

6–16 cm lang, größte Breite in oder oberhalb der Mitte, kurz zugespitzt, ganzrandig. Blüten (IV, V; vor dem Laubaustrieb): Aufrechte Zwitterblüten, mehr oder weniger ausgebreitet, dann bis 12 cm breit; 6–9 weiße, mitunter außen leicht

Ausgebreitete Blüten der Kobushi-Magnolie.

rötliche Blütenblätter; 3 kleinere, rasch abfallende, blütenblattartige Kelchblätter. Früchte: Gekrümmte, bis 12 cm lange Fruchtstände mit zahlreichen Balgkapseln, die reif aufspringen; Samen dann an einem Faden heraushängend. Verbreitung: Japan. In Mitteleuropa Zierbaum. Standort: Ohne besondere Bodenansprüche; winterhart. Ähnliche Art: Tulpenmagnolie.

Tulpenmagnolie

Magnolia x soulangiana Soul.-Bod.
(= M. denudata x M. liliiflora)
(Magnoliengewächse)

Gestalt: Strauch oder bis 6 m hoher Baum. Blätter: Wechselständig. Elliptisch bis verkehrt eiförmig, 10–20 cm lang, größte Breite in der vorderen Hälfte, kurz zugespitzt, ganzrandig. Blüten (IV–VI; vor, mit, nach dem Laubaustrieb):

Zweig der Tulpenmagnolie.

Aufrechte, tulpenförmige Zwitterblüten; Hüllblätter (Kelch- und Blütenblätter gleichartig) innen weiß, außen mehr oder weniger rötlich, 5–12 cm lang. Früchte: Wie Kobushi-Magnolie. Rinde: Foto Seite 250. Verbreitung: Aus-

Tulpenähnliche Blüten der Tulpenmagnolie.

schließlich als Zierbaum, bei uns wohl die häufigste Magnolie, sortenreich. Standort: Ohne besondere Bodenansprüche; winterhart. Ähnliche Art: Kobushi-Magnolie.

Kobushi-Magnolie (oben); Tulpenmagnolie (unten). ▷

Immergrüne Magnolie

Magnolia grandiflora L.
(Magnoliengewächse)

Gestalt: Immergrüner, bis 25 m hoher Laubbaum mit breit kegelförmiger Krone. Blätter: Wechselständig. Gummibaumähnlich, sehr derb ledrig, elliptisch bis verkehrt

Die derb ledrigen, stark glänzenden Blätter der Immergrünen Magnolie.

eiförmig, 12–25 cm lang, kurz zugespitzt oder stumpf; oberseits stark glänzend dunkelgrün, kahl; unterseits dicht rostbraun filzig, mit stark hervortretender Mittelrippe. Blüten (V–VIII): Große, aufrechte, wohlduftende Zwitterblüten, zuletzt mehr oder weniger ausgebreitet, 15–25 cm breit, 6–12 reinweiße Blütenblätter, 3 blüten-

Immergrüne Magnolie: Blüte (l), Fruchtzapfen (r).

blattartige Kelchblätter. Früchte: Bis 12 cm große, eiförmige, filzig behaarte Fruchtzapfen mit zahlreichen Balgkapseln, die reif aufspringen; Samen dann an einem Faden heraushängend. Verbreitung: Südöstliche USA. Häufiger Zierbaum in Südeuropa. Standort: Von Natur aus meist auf feuchten Böden nahe Flüssen und Sümpfen. In Mitteleuropa nur in besonders milden Lagen winterhart (Insel Mainau, Bodensee).

Schirmmagnolie

Magnolia tripetala (L.) L.
(Magnoliengewächse)

Gestalt: Bis 12 m hoher, breitkroniger Laubbaum. Blätter: Wechselständig. An den Triebspitzen gehäuft, schirmförmig ausgebreitet; auffallend groß, 25–60 cm lang, elliptisch bis verkehrt eiförmig; hellgrün. Blüten (VI, VII; nach dem Laubaustrieb): Große, aufrechte, unangenehm riechende Zwitterblüten, etwa 20 cm breit, 6–9 längliche, weiße Blütenblätter und 3 kürzere, zurückgebogene, blüten-

Schirmmagnolie: Triebspitze mit Blüte und den großen, schirmförmig ausgebreiteten Blättern.

blattartige, grünliche Kelchblätter. Früchte: Bis 12 cm große, länglich eiförmige, rosafarbene Fruchtzapfen mit zahlreichen Balgkapseln, die reif aufspringen; die roten Samen dann an einem Faden heraushängend. Verbreitung: Südöstliche USA. In Mitteleuropa Zierbaum. Standort: Feuchte, nährstoffreiche Böden; weitgehend winterhart.

Immergrüne Magnolie. ▷

Tulpenbaum

Liriodendron tulipifera L.
(Magnoliengewächse)

Gestalt: In der Heimat bis 60 m, in Europa bis 35 m hoher, raschwüchsiger, geradstämmiger Laubbaum; Krone anfangs kegelförmig, später gewölbt. Blätter: Wechselständig. Stiel so lang wie die in der Form veränderliche Spreite; diese im Umriß annähernd quadratisch, 8–20 cm lang,

Zweig mit tulpenförmiger Blüte.

meist mit einem großen Mittellappen und 2 mitunter mehrspitzigen Seitenlappen; der Mittellappen vorne quer abgeschnitten, durch die breit V-förmige Einkerbung zweispitzig; oberseits glänzend grün, unterseits etwas heller, oft

Blatt (l); Fruchtzapfen mit vielen zungenförmig geflügelten Früchten (r).

bläulichgrün. Herbstfärbung goldgelb. Blüten (V–VII; nach dem Laubaustrieb): Große, endständige, tulpenförmige Zwitterblüten; Blütenhülle mit 3 grünlichen, abstehenden, rasch abfallenden Kelchblättern und 6 aufrechten Blütenblättern; diese gelbgrün oder schwefelgelb, am Grunde orange gefleckt; Staubblätter zahlreich, so lang wie die Blütenblätter; Fruchtknoten zahlreich an einer spindelförmigen Achse. Früchte (X): Aufrechte, 6–8 cm lange,

Blüten.

braune Fruchtzapfen mit vielen zungenförmig geflügelten Schließfrüchten. Rinde: Dunkelgraue, gleichmäßig längs gefurchte Borke (Foto Seite 250). Verbreitung: Östliches Nordamerika. In Mitteleuropa beliebter Park- und Gartenbaum, versuchsweise auch forstlich angebaut. Standort: Laubmischwälder; anspruchsvoll, bevorzugt tiefgründige, lockere, frische bis feuchte, nährstoffreiche, lehmige Böden; meidet sehr trokkene und nasse Standorte. In Mitteleuropa winterhart.

Tulpenbaum, in Mitteleuropa ein beliebter Parkbaum. ▷

Lorbeerkirsche

Prunus laurocerasus L.
(Rosengewächse)

Gestalt: Immergrüner Strauch, gelegentlich bis 8 m hoher Baum. Blätter: Wechselständig. Ledrig; schmal elliptisch, 5–15 (20) cm lang, ganzrandig oder schwach gezähnt, Rand umgerollt; kahl, oberseits glänzend dunkelgrün. Giftig (enthalten Blausäure)! Blüten (IV, V): Weiße, etwa 1 cm breite Zwitterblüten in aufrechten, 7–15 cm langen Trauben. Früchte (VIII): Kugelige oder eiförmige, schwarzrote Steinfrüchte. Verbreitung: Südosteuropa, Kleinasien. In Süd-, West- und in den wärmeren Gebieten Mitteleuropas Zierpflanze. Standort: Schattige, humose Lagen; frostgefährdet.

Zweig der Lorbeerkirsche mit aufrechten Blütentrauben und immergrünen Blättern.

Erdbeerbaum

Arbutus unedo L.
(Heidekrautgewächse)

Gestalt: Immergrüner Strauch oder bis 10 m hoher Baum. Blätter: Wechselständig. Ledrig; schmal elliptisch, 4–10 cm lang, gesägt; beidseitig kahl, glänzend. Blüten (IX–XII): In Rispen; zwittrig; Blütenkrone krugförmig, weiß bis rosa. Früchte (IX–XII): Kugelige, warzige Beeren, 1,5–2 cm dick, rot, eßbar (säuerlich). Rinde: Foto Seite 251. Verbreitung: Mittelmeergebiet, entlang der Atlantikküste bis Südwest-Irland, Kleinasien. Standort: Trockene Gebüsche, häufig in Parks und Gärten. In Mitteleuropa nicht winterhart.

Erdbeerbaum: Blüten und fein gesägte Blätter.

Lorbeerbaum

Laurus nobilis L.
(Lorbeergewächse)

Gestalt: Immergrüner Strauch oder bis 15 m hoher Baum. Blätter: Wechselständig. Ledrig; schmal elliptisch, 5–11 cm lang, meist ganzrandig, Rand wellig. Zerrieben stark aromatisch riechend. Blüten (III–V): Zweihäusig verteilt. In Büscheln; klein, blaßgelb. Früchte: Glänzend schwarzrote Beeren. Verbreitung: Mittelmeergebiet, Kleinasien. Standort: Immergrüne Gebüsche; Gärten (Zier-, Gewürz-, Heckenpflanze). In Mitteleuropa nicht winterhart.

Zweig des Erdbeerbaums (l) und des Lorbeerbaums (r).

Erdbeerbaum (oben); Lorbeerkirsche in voller Blüte (unten). ▷

Ahornblättrige Platane

Platanus x hispanica Münchh.
(= P. x acerifolia)
(Platanengewächse)

Gestalt: Bis 35 m hoher Laubbaum mit ausladender, starkästiger Krone. Blätter: Ahornähnlich, aber wechselständig. Stiel 4–10 cm

Zweig mit kugeligen Fruchtständen.

lang; Spreite 12–25 cm lang und breit, mit 3–5 (selten 7) spitzen Lappen; diese grob buchtig gezähnt bis ganzrandig, Mittellappen meist nicht viel länger als an der

Ahornähnliche Blätter.

Basis breit. Blüten (V; mit dem Laubaustrieb): Klein und unscheinbar; dicht gedrängt in kugeligen, etwa 1 cm großen Köpfchen (Teilblütenstände), die zu 2 oder 3 an einer gemeinsamen Blütenstandsachse hängen; Blütenstände eingeschlechtig. Früchte (IX, X): Kegelförmige, etwa 1 cm lange, am Grunde behaarte Nüßchen in braunen, borstigen, 2–3 cm dicken Köpfchen; diese hängen einzeln oder zu zweien (selten 3) an einem

Die kleinen Blüten bilden dicht gedrängte, kugelige Blütenstände (l); Fruchtstände (r).

langen Stiel. Rinde: Frühe Bildung einer auffälligen, grau- bis gelbbraunen Borke, die in unregelmäßigen, großen, dünnen Platten abblättert, wodurch die Stämme gescheckt erscheinen (Foto Seite 251). Verbreitung: Ursprung unbekannt. Heute als Park- und Straßenbaum in ganz Europa gepflanzt. Standort: Bestes Wachstum auf frischen, tiefgründigen Böden; tief wurzelnde, weitgehend winterharte Lichtbaumart; gedeiht noch gut im Großstadtklima; relativ unempfindlich gegen Luftverunreinigungen.

Hinweis: Die Ahornblättrige Platane gilt als ein Bastard zwischen der Amerikanischen Platane *(P. occidentalis)* und der Morgenländischen Platane *(P. orientalis,* Heimat: Südosteuropa, Kleinasien). Von letzterer ist sie nur schwer zu unterscheiden. Erkennungsmerkmale für die Morgenländische Platane: Blätter mit 5–7 schmalen Lappen; Blüten- und Fruchtstände meist mit 3 und mehr Köpfchen.

Mächtige, breit ausladende Ahornblättrige Platane (oben); Charakteristisch ist die unregelmäßig gescheckte Borke an Stamm und starken Ästen (unten) ▷

Eingriffeliger Weißdorn

Crataegus monogyna Jacq.
(Rosengewächse)

Gestalt: Strauch oder bis 10 m hoher Baum. Triebe: Kurztriebe oft zu Dornen umgebildet. Blätter: Wechselständig. Breit ei- oder rautenförmig, 3-6 cm lang, tief gebuchtet mit 3-7 meist spitzen Lappen, Basis breit keilförmig bis

Die Blätter des Eingriffeligen Weißdorns sind tief eingeschnitten gelappt.

gestutzt. Blüten (V, VI): In endständigen, aufrechten Doldenrispen; zwittrig, 8-15 mm breit; 5zählige, doppelte Blütenhülle; Kronblätter weiß; meist 1 (selten 2) Griffel (Name!), Früchte (IX,

Blüten des Eingriffeligen Weißdorns.

X): Glänzend rote, kugelige, etwa 1 cm große Apfelfrüchtchen, meist 1 Steinkern. Rinde: Foto Seite 251. Verbreitung: Europa, Nordafrika, Kleinasien, Kaukasus. Standort: Von der Ebene bis in mittlere Berglagen; Laub- und Nadelmischwälder, meist an Wald- und Wegrändern, in Feldgehölzen und Gebüschen. Mäßig trockene bis frische, meist kalkhaltige Ton- und Lehmböden; tief wurzelnde Licht- und Halbschattpflanze; Ziergehölz. Ähnliche Art: Zweigriffeliger Weißdorn.

Zweigriffeliger Weißdorn

Crataegus laevigata (Poir.) DC.
(Rosengewächse)

Unterschiede zum Eingriffeligen Weißdorn: Blätter: Weniger tief gebuchtet mit 3 (5) mehr oder weniger stumpfen Lappen, Basis keil-

Blatt des Zweigriffeligen Weißdorns.

förmig oder abgerundet. Blüten (etwa 2 Wochen früher): 2 (1 oder 3) griffelig. Früchte: Meist 2kernig. Verbreitung: Europa. Standort: Frische bis feuchte Böden.
Hinweis: Der Rotdorn ist eine Gartenform des Zweigriffeligen Weißdorns ('Paul's Scarlet') mit gefüllten, roten Blüten.

Apfelfrüchtchen des Zweigriffeligen Weißdorns.

Blühender Weißdorn (oben); Gefüllte Blüten des Rotdorns (unten). ▷

Quitte

Cydonia oblonga Mill.
(Rosengewächse)

Gestalt: Bis 8 m hoher Baum oder Strauch. Blätter: Wechselständig.

Blühender Zweig der Quitte.

Stiel 1–2 cm lang, filzig; Spreite eiförmig bis breit elliptisch, 5–10 cm lang, ganzrandig; unterseits grau-

Quitte: Blattoberseite (l) und die graufilzige Blattunterseite (r).

filzig. Blüten (V, VI): Einzeln, zwittrig; Kronblätter weiß bis rosa, länger als die Kelchblattzipfel. Früchte (IX, X): Apfel- oder bir-

Dicht filzig behaarte Quittenfrucht.

nenförmig, gelb, filzig; aromatisch riechend. Rinde: Foto Seite 251. Verbreitung: Südwestliches Asien. In Süd- und Mitteleuropa kultiviert, gelegentlich verwildert. Standort: Sonnige Hänge, Waldränder; wärmeliebend, frostempfindlich; frische, tiefgründige, basenreiche Böden.

Mispel

Mespilus germanica L.
(Rosengewächse)

Gestalt: Mitunter dorniger, bis 6 m hoher Baum oder Strauch. Blätter: Wechselständig. Sehr kurzgestielt; Spreite schmal elliptisch bis lanzettlich, 6–13 cm lang, ganzrandig

Blühender Zweig der Mispel.

oder fein gesägt; unterseits filzig. Blüten (V, VI): Einzeln, zwittrig, am Grunde mit einem langspitzigen Hochblatt; Kronblätter weiß, meist kürzer als die Kelchblattzipfel. Früchte (X, XI): Kugelig, 2–3 cm groß, hart, braun; am Scheitel tellerförmig abgeflacht, von den Kelchblattzipfeln gekrönt. Verbreitung: Vorderasien, Südost-Europa. In Süd-, West-, und Mitteleuropa kultiviert, gelegentlich verwildert. Standort: Sonnige Hänge, Waldränder; wärmeliebend, frostempfindlich, meist in Weinbaulagen auf mäßig trockenen, basenreichen Böden.

Quittenstrauch in voller Blüte (oben); Mispelfrüchte (unten). ▷

Holzbirne

Wildbirne
Pyrus pyraster Burgsd.
(Rosengewächse)

Gestalt: Mittelgroßer, bis 20 m hoher, sperrig verzweigter Laubbaum. Triebe: Kurztriebe oft zu Dornen umgewandelt. Blätter: Wechselständig. Stiel so lang (oder länger) wie die Spreite; diese eiför-

Dornig zugespitzter Kurztrieb der Holzbirne (l); das rundliche Blatt (r).

mig bis rundlich, 2–8 cm lang, fein gesägt; anfangs beidseitig behaart, rasch verkahlend; oberseits glänzend dunkelgrün. Blüten (IV, V; mit dem Laubaustrieb): In 3–9blütigen Doldentrauben; zwittrig, 2–4 cm breit; 5zählige, doppelte, freiblättrige Blütenhülle; Kelchblätter filzig; Blütenblätter weiß, selten rosa; Staubblätter zahlreich,

Blüten mit den kräftig roten Staubbeuteln.

Staubbeutel rot; 5 bis zum Grunde freie (im Unterschied zur Apfelblüte) Griffel. Früchte (IX, X): Birnenförmig bis kugelig, 2–3 cm groß; bräunlichgelb; Fruchtfleisch mit vielen Steinzellennestern (Gruppen von dickwandigen Zellen), herbsauer schmeckend. Rinde: Durch Längs- und Querrisse kleinfeldrig geschuppte, graubraune Borke (Foto Seite 251). Verbreitung: Europa, Westasien. Standort: Von der Ebene bis in mittlere Gebirgslagen (Alpen bis 850 m); Laubwälder (Eichen-Ulmen-Auwälder, Eichenmischwälder), Hekken und Trockengebüsche. Frische bis mäßig trockene, nährstoff- und basenreiche, meist kalkhaltige Böden sommerwarmer Lagen; tief wurzelnde Licht- bis Halbschattenbaumart.

Früchte.

Hinweis: Die in großer Sortenvielfalt kultivierte Gartenbirne *(Pyrus communis L.)* ist das Ergebnis langer Auslese- und Kreuzungszüchtung. Stammformen hierfür waren neben der einheimischen Holzbirne vor allem asiatische Birnbaumarten. Kulturbirnen haben größere, zur Reifezeit weiche, süße Früchte und meist dornenlose Triebe. Oft ist es schwer, verwilderte Gartenbirnen von der Holzbirne zu unterscheiden.

Gartenbirne zur Zeit der Blüte (oben); die herbstliche Laubfärbung erfaßt beim Birnbaum anfangs nur Teile der Krone, während andere Partien noch völlig grün sind (unten). ▷

Holzapfel

Malus sylvestris Mill.
(Rosengewächse)

Gestalt: Bis 10 m hoher Laubbaum mit breiter, runder, dicht verzweigter Krone; Zweige oft mit Kurztriebdornen. Blätter: Wechselständig. Stiel 1,5–4 cm lang; Spreite breit elliptisch bis eirundlich, kurz zugespitzt, 3–8 cm lang, einfach bis doppelt gesägt, Basis abgerundet bis seicht herzförmig; anfangs behaart, später meist bis auf die Nerven der Unterseite ganz kahl.

Blattoberseite (l), Blattunterseite (r).

Blüten (IV, V; mit dem Laubaustrieb): Endständig an Kurztrieben in wenigblütigen Doldentrauben; Blütenstiele kurz, kahl oder spärlich behaart; 5zählige, doppelte, freiblättrige Blütenhülle; Kelchblätter klein, außen kahl, innen filzig; Kronblätter 1–2 cm lang, innen weiß, außen rötlich; Staub-

Blüten.

beutel gelb; meist 5 am Grunde miteinander verwachsene Griffel. Früchte (IX, X): Äpfel kugelig, 2–3 cm groß, gelbgrün, oft rotwangig; herbsauer schmeckend. Rin-

Die Früchte sind oft ncch nach dem Laubfall am Baum.

de: Graunbraune, feinrissige, mit kleinen, dünnen Schuppen abblätternde Borke. Verbreitung. Fast ganz Europa, Westasien. Standort: Tieflagen, mittlere Gebirgslagen (in den Alpen selten über 1100 m); Laubmischwälder, Auwälder, Waldränder, Hecken und Gebüsche. Frische, tiefgründige, nährstoff- und basenreiche Böden; flach wurzelnde Licht- bis Halbschattbaumart.

Hinweis: Der Holzapfel ist eine der Ausgangsarten für die Züchtung des Kultur- und Gartenapfels *(Malus domestica)*. Im Unterschied zum Holzapfel sind die Zweige dornenlos, die Blätter unterseits stärker behaart, die Blütenstiele filzig, die Äpfel größer und süßer. Der heutige Anbau konzentriert sich meist nurmehr auf einen kleinen Teil des großen Sortenspektrums, so daß viele altbewährte Sorten immer mehr in Vergessenheit geraten.

Gartenapfelbaum in voller Blüte (oben) und zur Zeit der Fruchtreife (unten). ▷

Schwedische Mehlbeere

Oxelbirne

Sorbus intermedia Pers.

(Rosengewächse)

Gestalt: Bis 15 m hoher Laubbaum mit eiförmiger oder kugeliger Krone. Blätter: Wechselständig. Stiel 1–3 cm lang; Spreite breit elliptisch, 6–11 cm lang, gelappt, im

Schwedische Mehlbeere: Blattoberseite (l), graufilzige Blattunterseite (r).

unteren Teil gelegentlich fiederspaltig, unregelmäßig gesägt; oberseits glänzend, unterseits graufilzig, oft verkahlend. Blüten (V, VI): In vielblütigen Doldenrispen; weiß. Früchte (IX, X): Dicht gebüschelte, kugelige bis eiförmige Apfelfrüchtchen, 1–1,3 cm

Schwedische Mehlbeere: Blüten (l), Früchte (r).

groß, orangerot. Verbreitung: Nordeuropa. In Mitteleuropa Park- und Straßenbaum, mitunter verwildert (Norddeutschland). Standort: Laubwälder. Ähnliche Art: Mehlbeere (Seite 220).

Elsbeere

Sorbus torminalis Crantz

(Rosengewächse)

Gestalt: Bis 22 m hoher Laubbaum mit eiförmiger Krone. Blätter: Wechselständig. Stiel 2–5 cm lang, dünn; Spreite breit eiförmig, 6–12 cm lang und etwa so breit, jederseits mit 3–4 (5) spitzen, gesägten, ungleich großen Lappen; oberseits schwach glänzend frischgrün, unterseits hellgrün. Herbstfärbung leuchtend rot. Blüten (V, VI; nach dem Laubaustrieb): Weiße, 1–1,5 cm breite Zwitterblüten in aufrechten, vielblütigen, filzig

Elsbeere: spitz gelapptes Blatt (l), Blütenstand (r).

behaarten Doldenrispen. Früchte (IX, X): Kugelige oder eiförmige Apfelfrüchtchen, etwa 1,5 cm lang; unreif gelbrot, reif braun mit hellen Punkten. Rinde: Anfangs glatt, grau; Borke dunkelbraun, kleinschuppig (Foto Seite 251). Verbreitung: Süd-, West-, Mitteleuropa, Westasien, Nordafrika. Standort: Tieflagen, untere Bergstufe (kaum über 750 m); seltene Mischbaumart in eichenreichen Wäldern und Gebüschen. Mäßig trockene bis frische, basenreiche, aber auch schwach saure Böden; oft auf Kalk; wärmeliebende, relativ tief wurzelnde Halbschattbaumart.

Schwedische Mehlbeere. ▷

Mehlbeere

Sorbus aria Crantz
(Rosengewächse)

Gestalt: Kleiner, bis 15 m hoher Laubbaum mit eiförmiger oder kugeliger Krone; häufig als Strauch mit steil aufgerichteten Ästen. Triebe: Anfangs weißgraufilzig, rasch verkahlend, rotolivbraun.

Zweig mit unreifen Früchten.

Blätter: Wechselständig. Stiel 1–2 cm lang, weißfilzig; Spreite breit elliptisch, 6–12 cm lang, ungleichmäßig doppelt gesägt; oberseits dunkelgrün, schwach glän-

Blatt (l); Blattstiele und junge Triebe graufilzig behaart (r).

zend; unterseits bleibend weißfilzig. Blüten (V, VI; nach dem Laubaustrieb): In endständigen, vielblütigen Doldenrispen. Zwittrig; 5zählige, doppelte Blütenhülle; Kelchblätter ebenso wie die Blütenstiele weißfilzig, viel kürzer als die weißen, 3–4 mm langen Kronblätter; 2, selten 3griffelig. Früchte (IX, X): Dicht gebüschelte, kugelige bis eiförmige Apfelfrüchtchen, 1-1,5 cm groß, meist

Die Blüten stehen in schirmförmigen Doldenrispen.

zweisamig, zur Reifezeit scharlachrot; fad schmeckendes, mehliges Fruchtfleisch. Früchte bleiben bis in den Winter am Baum. Rinde: Grau, meist unregelmäßig marmoriert, lange Zeit glatt (Foto Seite 251); Borke längsrissig. Verbreitung: Fast ganz Europa, Nord-

Leuchtend rote Apfelfrüchtchen.

afrika, Kleinasien. Standort: Von der Ebene bis in die subalpine Stufe (Alpen bis 1600 m); sonnige Hänge, Felsgebüsche, Eichen-, Buchen- und Kiefernwälder. Flach- bis mittelgründige, frische oder trockene, kalkreiche bis mäßig saure Lehm- oder Steinböden sommerwarmer Lagen; frostharte, tief wurzelnde Licht- bis Halbschattbaumart. Zierbaum in Parks und Gärten. Ähnliche Art: Schwedische Mehlbeere (Seite 218).

Mehlbeere als Strauch an ihrem natürlichen Standort (oben); kleiner Mehlbeerbaum (unten). ▷

Vogelkirsche

Prunus avium L.
(Rosengewächse)

Gestalt: Bis 20 (30) m hoher Laubbaum; im Freistand kurzstämmig und rundkronig; im Bestand mit langem, astfreiem Schaft und hoch

Blütenzweig.

angesetzter Krone. Blätter: Wechselständig; ziemlich dünn und schlaff. Stiel 2–5 cm lang, mit meist 2 roten Drüsen; Spreite länglich verkehrt eiförmig bis elliptisch, zugespitzt, 7–15 cm lang, kerbig gesägt; oberseits kahl, unterseits auf den Nerven behaart.

Blatt (l); Blattstiel mit 2 roten Drüsen (r).

Herbstfärbung rot oder gelb. Blüten (IV, V; kurz vor dem Laubaustrieb): An vorjährigen Kurztrieben, zu 2–4 in doldigen Büscheln; diese am Grunde ohne Laubblättchen; langgestielt, zwittrig; 5zählige, doppelte Blütenhülle; Kelchblätter zurückgeschlagen; Kronblätter 1–1,5 cm lang, weiß. Früchte (VII): Kirschen (Steinfrüchte) kugelig, 1–1,5 cm groß, reif glänzend schwarzrot; Steinkern groß, hell; Fruchtfleisch der Wildform bittersüß. Rinde: Anfangs glatt, glänzend grau- oder rotbraun; mit quergestellten Korkwarzenbändern; löst sich mit Querstreifen ab (Foto Seite 251); späte Bildung einer längsrissigen, schwarzgrauen Borke. Verbreitung: Europa, Westsibirien, Kleinasien, Kaukasus, Nordafrika. Standort: In Tieflagen wie im Gebirge (Alpen bis

Die Blüten stehen an Kurztrieben in wenigblütigen Büscheln.

1700 m); Laubwälder, Waldränder, Hecken. Frische, mittel- bis tiefgründige, nährstoffreiche, kalkhaltige Lehmböden; mäßig wärmeliebende, meist nicht sehr tief wurzelnde Licht- bis Halbschattbaumart.

Hinweis: 1. Die kultivierten Süßkirschen sind durch Züchtung aus der Vogelkirsche entstanden. 2. Der Vogelkirsche ähnlich ist die in Mitteleuropa nicht heimische, aber verbreitet angebaute Sauerkirsche *(Prunus cerasus L.)*. Unterschiede zur Vogelkirsche: Blätter kleiner, steifer, glänzend; Blattstiel mit oder ohne Drüsen; Blüten- bzw. Fruchtstände am Grunde mit einigen Laubblättchen; Früchte sauer.

Kirschbaum im Frühjahr (oben) und im Herbst (unten). ▷

Traubenkirsche

Prunus padus L.
(Rosengewächse)

Gestalt: Bis 18 m hoher, oft mehrstämmiger Laubbaum; Zweige überhängend. Triebe: Verletzte Rinde mit unangenehmem Geruch. Blätter: Wechselständig.

Blühender Zweig der Traubenkirsche.

Stiel 1–2 cm lang, mit 1–2 Drüsen; Spreite elliptisch zugespitzt, 6–12 cm lang, fein gesägt; oberseits mattgrün; unterseits blaugrün, bis auf die Nervenwinkel kahl; Seitennerven zum Blattrand hin

Traubenkirsche: Triebe mit jungen Früchten (l); die Seitennerven sind zum Blattrand hin bogig miteinander verbunden (r).

bogig miteinander verbunden. Blüten (V, VI; nach dem Laubaustrieb): Weiße, 5zählige, duftende Zwitterblüten in überhängenden, 10–15 cm langen, reichblütigen Trauben (Name!). Früchte (VII, VIII): Erbsengroße, kugelige Steinfrüchte, reif glänzend schwarz; Steinkern gefurcht; Fruchtfleisch bitter. Rinde: Glatt, schwarzgrau; nur selten seichtrissige Borke (Foto Seite 251). Verbreitung: Europa, weite Teile Asiens. Standort: Flußniederungen, in Gebirgstälern bis auf 1800 m; feuchte Laubwälder, Auwälder, Auengebüsche, Waldränder, an Gewässern. Frische bis feuchte, tiefgründige, nährstoff- und basenreiche Lehm- oder Tonböden; Halbschattbaumart; bildet Wurzelsprosse; Zierbaum. Ähnliche Art: Spätblühende Traubenkirsche.

Spätblühende Traubenkirsche

Prunus serotina Ehrh.
(Rosengewächse)

Unterschiede zur Traubenkirsche: Gestalt: Bis 30 m hoher Baum, meist vielstämmig. Triebe: Verletz-

Spätblühende Traubenkirsche: Zweig mit glänzenden Blättern und Fruchtständen (l); reife, glänzend schwarze Steinfrüchte (r).

te Rinde riecht nach Bittermandeln. Blätter: Derb, länglich, glänzend, unterseits entlang der Mittelrippe bräunlich behaart. Blüten (VI): Trauben aufrecht oder abstehend. Früchte (VIII, IX): Steinkern glatt. Rinde: Rissige, schuppig abblätternde, dunkelbraune Borke (Foto Seite 251). Verbreitung: Nordamerika. In Mitteleuropa Zierbaum, gelegentlich verwildert. Standort: Meidet nasse Böden; winterharte Lichtbaumart.

Traubenkirsche (oben); überhängende Blütentrauben der Traubenkirsche (unten). ▷

Judasbaum

Cercis siliquastrum L.
(Hülsenfrüchtler)

Gestalt: Kleiner, bis 10 m hoher, locker verzweigter Laubbaum. Blätter: Wechselständig. Stiel 2–4 cm lang; Spreite annähernd kreisrund bis nierenförmig, 8–12

Nierenförmige Blätter.

cm breit, Basis tief herzförmig eingeschnitten, vorne rund oder mitunter eingekerbt, ganzrandig; beidseitig kahl. Blüten (III–V; vor dem Laubaustrieb): Auffällige, rosa bis violett gefärbte, etwa 2 cm große, gestielte Zwitterblüten; Kelch glockig; Krone aus 5 Blütenblättern gebildet; 10 nicht miteinander verwachsene Staubblätter. Blüten in kurzen, büscheligen

Die Blüten erscheinen kurz vor den Blättern.

Trauben, stets an älteren, mindestens zweijährigen Zweigen, häufig an starken Ästen oder direkt aus dem Stamm (sog. Stammblütigkeit oder Kauliflorie). Früchte (IX, X): Hülsen 7–10 cm lang, flach, feinspitzig; anfangs grün, reif rot- bis dunkelbraun und pergamentartig; bleiben oft bis zum Frühjahr am Baum. Rinde: Anfangs glatt, rot- bis olivbraun; Borke schwarzbraun, sehr fein gefeldert (Foto Seite 251). Verbreitung: Ursprünglich im ostmediterranen Raum beheimatet; heute im gesamten Mittelmeergebiet (nördlich bis zu den Südalpen) und in Vorderasien kultiviert und verwildert. Standort: Lichte Laub- und

Stammblütigkeit des Judasbaums (l); Hülsenfrüchte (r).

Buschwälder (oft zusammen mit der Flaumeiche und der Hopfenbuche), an Flußläufen, in sonnigen Felsgebüschen; meist auf Kalk. Wärmeliebende Lichtbaumart; häufiger Straßen und Zierbaum. In Mitteleuropa nur in wärmeren Lagen winterhart.

Judasbaum in voller Blütenpracht. ▷

Orange

Citrus sinensis Pers.
(Rautengewächse)

Gestalt: Immergrüner, bis 13 m hoher, rundkroniger Laubbaum mit blaßgrünen, oft dornig bewehrten Zweigen. Blätter: Wechselständig. Stiel schmal geflügelt; Spreite ledrig, elliptisch, spitz, ganzrandig; oberseits glänzend dunkelgrün.

Trieb der Orange mit immergrünen, stark glänzenden Blättern und den cremeweißen Blüten.

Blüten (II–VI): Blattachselständig, einzeln oder in wenigblütigen Büscheln; 2–3 cm groß, weiß, angenehm duftend. Früchte: Orangen (Beerenfrüchte) kugelig; mit fast glatter, orangefarbener, selten gelber oder grüner Schale; Fruchtfleisch süß. Verbreitung: China. Im Mittelmeergebiet, ebenso wie in vielen klimatisch hierfür geeigneten Teilen der Welt (z. B. USA, Japan, Brasilien) kultiviert. Standort: Wärmebedürftig, bevorzugt im subtropischen Klima auf lockeren, wasserdurchlässigen Böden.

Orangenzweig (l) und Früchte (r).

Zitrone

Citrus limon Burm.
(Rautengewächse)

Gestalt: Immergrüner, bis 7 m hoher, rundkroniger Laubbaum; Zweige mit bis zu 3 cm langen Dornen. Blätter: Wechselständig. Stiel kaum geflügelt; Spreite ledrig, elliptisch, spitz, fein kerbig gesägt; oberseits glänzend dunkelgrün. Blüten (ganzjährig): Wie Orange, aber etwas kleiner; weiß, oft rötlich überlaufen. Früchte (ganzjährig): Zitronen (Beerenfrüchte) 7–15 cm lang, gelb, rauhschalig; Fruchtfleisch sauer. Verbreitung: Asien. Im Mittelmeerraum und vielen subtropischen Ländern angebaut. Standort: Wie Orange.

Junge, reifende Zitronen.

Reife Zitrone.

Orangenbaum in einer Plantage (oben); Zitronenbaum (unten). ▷

Stechpalme

Hülse
Ilex aquifolium L.
(Stechpalmengewächse)

Gestalt: Immergrüner Strauch oder kleiner, bis 10 m hoher Laubbaum mit kegelförmiger Krone.

Zweig mit derben, immergrünen Blättern.

Blätter: Wechselständig. Stiel 5–15 mm lang; Spreite derb ledrig, eiförmig bis elliptisch, zugespitzt, 3–9 cm lang, etwa halb so breit; Rand sehr variabel, meist wellig

Blätter eines Baumes mit unterschiedlichen Blattrandformen; zwischen grob stachelspitzig gezähnt auf der einen Seite und ganzrandig auf der anderen Seite ist der Übergang fließend.

und grob stachelspitzig gezähnt, aber auch (oft an der selben Pflanze) glatt und ganzrandig, dazwischen alle Übergangsformen möglich; beidseitig kahl, oberseits glänzend dunkelgrün, unterseits heller. Blüten (V, VI): Zweihäusig verteilt. Gebüschelt in den Achseln von Laubblättern; klein, meist 4zählig; weiße, mitunter schwach rötliche, radförmig ausgebreitete Blütenkrone. Früchte (IX, X): Steinfrucht kugelig, 7–10 mm groß, reif glänzend rot, mit 4 (selten 5) gerieften Kernen. Bleiben

Die kleinen Blüten stehen gebüschelt in den Achseln von Laubblättern (l); Steinfrüchte (r).

oft den Winter über am Baum. Giftig! Rinde: Glatt, dünn, silber- bis dunkelgrau (Foto Seite 251). Verbreitung: West-, Mittel- und Südeuropa, Nordafrika, Westasien bis China. Standort: In Tieflagen wie im Gebirge (Alpen bis 1800 m), hauptsächlich im Bereich ozeanisch beeinflußten Klimas; Unterwuchs in Wäldern (vor allem Buchenwälder), an Waldrändern, in Gebüschen. Auf frischen, mäßig nährstoff- und basenreichen, kalkarmen Böden; Wurzelsproßbildung, Schattbaumart; häufig als Zierbaum (viele Gartenformen!) und Heckenpflanze.

Hinweis: Die Stechpalme steht unter Naturschutz.

Stechpalme, hier die Gartenform 'Pyramidalis', in einem Park. ▷

Winterlinde

Tilia cordata Mill.
(Lindengewächse)

Gestalt: Bis 30 m hoher Laubbaum; im Freistand mit relativ kurzem Stamm und weit ausladender, dichter, gleichmäßig kuppelförmiger Krone; im geschlossenen Bestand mit langem, astfreiem Stamm und hoch angesetzter Krone. Triebe: Anfangs fein behaart, rasch verkahlend, glänzend. Blätter: Wechselständig, zweizeilig angeordnet. Stiel 2–5 cm lang, kahl; Spreite herzförmig, 3–10 cm lang (kleiner als die der Sommerlinde),

Blattoberseite (l); auf der Blattunterseite sind die Nervenwinkel bräunlich behaart (r).

zugespitzt, am Rand fein und scharf gesägt; oberseits kahl, unterseits graugrün, bis auf die bräunlich behaarten Nervenwinkel kahl. Blüten (VI, VII; nach dem Laubaustrieb): 4–11 gelbweiße, zwittrige Blüten in hängenden Blütenständen; deren Stiele mit ei-

Blühender Zweig.

nem zungenförmigen, blaßgrünen Hochblatt verwachsen; Blütenhülle doppelt, freiblättrig, 5zählig; intensiv duftend. Früchte (IX): Kugelige, 5–8 mm große (kleiner als die der Sommerlinde), einsamige Nüßchen, dünnschalig (zerdrückbar), grau behaart, nur undeutlich kantig. Nach der Reife fällt der Fruchtstand als Ganzes samt des

Die Fruchtstände der Winterlinde haben, verglichen mit denen der Sommerlinde, mehr, aber kleinere Nüßchen.

trockenhäutigen Flugblattes ab. Rinde: Anfangs glatt und dünn; Borke dunkelgrau bis schwärzlich, dicht längsrissig (Foto Seite 251). Verbreitung: Europa, Westsibirien, Vorderasien. Standort: Von der Ebene bis in mittlere Gebirgslagen (Alpen bis 1400 m); sommerwarme Laubmischwälder (Eichen-Hainbuchenwälder, Hartholzaue). Bevorzugt auf frischen bis mäßig trockenen, mittel- bis tiefgründigen, lockeren, basenreichen, lehmigen Böden. Spätfrostgefährdete, tief wurzelnde Schattbaumart; empfindlich gegen Luftverunreinigungen. Häufig als Park- und Straßenbaum gepflanzt. Ähnliche Arten: Sommerlinde, Silberlinde (Seite 234).

Winterlinde zur Zeit des Laubaustriebs (oben) und im Sommer (unten). ▷

Sommerlinde

Tilia platyphyllos Scop.
(Lindengewächse)

Unterschiede zur Winterlinde: Gestalt: Mitunter bis 40 m hoch. Blätter: Stiel flaumig behaart; Spreite bis 17 cm lang (an kräftigen Schößlingen oft noch größer),

Zweig der Sommerlinde.

meist beidseitig weich behaart, unterseits in den Nervenwinkeln weißliche Haarbüschel. Blüten (meist 1–2 Wochen vor der Winterlinde): Etwas größer; Blütenstände 2–5blütig. Früchte: 8–10 mm lang, hart (mit den Fingern nicht zerdrückbar), mit deutlichen

Sommerlinde: Blatt (l); Fruchtstände mit wenigen Nüßchen (r).

Längsrippen. Verbreitung: Mittel-, West- und Südeuropa, Kleinasien, Kaukasus. Standort: Laubmischwälder des Berg- und Hügellandes, bevorzugt in sommerwarmen, wintermilden, luftfeuchteren Lagen. Frische, nährstoff- und basenreiche Böden; häufig als Dorflinde. Ähnliche Arten: Winterlinde (Seite 232), Silberlinde.

Die Nervenwinkel der Blattunterseite sind bei der Sommerlinde weißlich behaart.

Silberlinde

Tilia tomentosa Moench
(Lindengewächse)

Gestalt: Bis 30 m hoher Laubbaum. Triebe: Graufilzig. Blätter: Wechselständig, zweizeilig angeordnet. Stiel filzig; Spreite herzförmig, unterseits grau- bis weißfilzig.

Silberlinde: Blattoberseite (l) und die grau- bis weißfilzige Blattunterseite (r).

Herbstfärbung goldgelb. Blüten (VII): Wie Winterlinde. Früchte (IX, X): Nüßchen kugelig, hart, graufilzig, etwas warzig, schwach gerippt. Rinde: Seicht längsrissige, graue Borke (Foto Seite 251). Verbreitung: Südost-Europa, Kleinasien; dort in Laubmischwäldern. In Mitteleuropa häufiger Allee- und Parkbaum. Ähnliche Arten: Winterlinde (Seite 232), Sommerlinde.

Sommerlinde (oben); bei Wind werden die silbrigen Blattunterseiten der Silberlinde sichtbar (unten). ▷

Sanddorn

Hippophaë rhamnoides L.
(Ölweidengewächse)

Gestalt: Sperrig verästelter Strauch oder bis 10 m hoher, meist mehrstämmiger Laubbaum mit dornig bewehrten Zweigen. Triebe: Silbrig beschuppt. Knospen: Kugelig, goldbraun. Blätter: Wechselständig. Stiel nur 1–3 mm lang; Spreite lineal lanzettlich,

Zweig mit den schmalen, silbrig behaarten Blättern.

2–7 cm lang und höchstens 1 cm breit, ganzrandig; beidseitig mit Schuppenhaaren, silbrig glänzend; oberseits oft verkahlend, dunkelgrün. Blüten (III, IV; vor dem Laubaustrieb): Zweihäusig verteilt; an vorjährigen Trieben; mit einfacher, kronblattloser Blütenhülle. ♂ etwa 3 mm groß, in kugeligen Blütenständen, sitzend, gelb-

Dorniger Zweig mit ♂ Blütenständen; die Blüten erscheinen vor den Blättern.

braun; Kelch tief zweiteilig, dachförmig über die 4 Staubblätter geneigt. ♀ sehr unscheinbar, kurz gestielt; Fruchtknoten von der grünlichen Kelchröhre umgeben; mit gelbgrüner, etwas hervorragender Narbe. Blütenstandsachsen wachsen oft zu einem Laubzweig oder Dorn aus. Früchte (IX): Beerenartig, eiförmig, 6–8 mm groß, einsamig, orangefarben, saftig, eßbar, sauer, reich an Vitamin C. Rinde: Anfangs glatt, dunkelbraun;

♂ Blütenstände (l); reife Früchte (r).

Borke graubraun, seicht längsrissig (Foto Seite 251). Verbreitung: Eurasien. Standort: Von der Küste bis in subalpine Lagen; Pioniergebüsche auf Sanddünen, Flußschottern, in Kiesgruben und lichten Kiefernwäldern. Trockene, gelegentlich überflutete, meist kalkhaltige, humus- und feinerdearme Sand- und Kiesböden sommerwarmer Lagen; Wurzelsproßbildung, tief wurzelnde Lichtbaumart, zur Böschungssicherung geeignet; Zierpflanze.
Hinweis: Der Sanddorn sammelt mittels einer Symbiose mit »Strahlenpilzen« *(Actinomyceten)* in Wurzelknöllchen Luftstickstoff; dadurch bodenverbessernde Wirkung.

Sanddornbaum zur Zeit der Fruchtreife. ▷

Blaugummibaum

Eucalyptus globulus Labill.
(Myrtengewächse)

Gestalt: In der Heimat bis 65 m, in Europa bis 40 m hoher, immergrüner, geradstämmiger und sehr raschwüchsiger Laubbaum; Krone meist locker, anfangs kegelförmig, später abgerundet. Blätter: 2 verschiedene Blattformen. Die zuerst gebildeten Jugendblätter gegenständig, eiförmig, 8–15 cm lang, sitzend, abstehend; blaugrün, weiß bereift. Altersblätter (Folgeblätter) wechselständig, ledrig, lanzettlich, oft sichelförmig gekrümmt, 10–30 cm lang, gestielt, hängend, glänzend dunkelgrün.

Glatte, streifig abblätternde Rinde (l); Zweig mit Jugendblättern (r).

Die Jugendblätter sind gegenständig, ungestielt, eiförmig (l); die Altersblätter wechselständig, gestielt, gekrümmt lanzettlich (r).

Blüten (VI–XI): Einzeln oder bis zu 3 blattachselständig. Urnenförmige, weiß bereifte Blütenknospen mit einem Deckel, der aus den 4 verwachsenen Kronblättern gebildet wird, vor dem Aufblühen abfällt und zahlreiche, weiße bis schwach rötliche Staubblätter freigibt. Frucht: Bis 3 cm große, holzige, vielsamige Kapsel. Rinde: Glatt, löst sich in langen Streifen ab, dadurch unterschiedlich grau bis braun gefärbte Stammpartien (Foto Seite 251). Verbreitung: Südost-Australien, Tasmanien. Außerhalb des ursprünglichen Verbreitungsgebietes in vielen Teilen der Welt kultiviert, so auch im Mittelmeergebiet und in Irland. Standort: Ohne besondere Bodenansprüche, forstlich oft in sumpfigen Lagen angebaut; Park- und Straßenbaum. In Mitteleuropa nicht winterhart.

Urnenförmige, weiß bereifte Blütenknospen und Blüten mit vielen Staubblättern.

Hinweis: Aus den Blättern gewinnt man das Eukalyptusöl, ein ätherisches Öl, die Ausgangssubstanz vieler Arzneien.

Die lockere Krone, die schlaff hängenden Blätter und die graubraun gescheckte Rinde prägen die Gestalt des Blaugummibaums. ▷

Kleine Baumkunde

Bäume sind höhere, in der Regel über 5 m hohe Holzgewächse mit einem mehr oder weniger ausgeprägten Stamm und einer Krone. Im Unterschied dazu sind **Sträucher** meist niedriger und haben vom Grunde an mehrere oder viele Stämme. Zwischen Bäumen und Sträuchern gibt es alle Übergangsformen.
Nadelbäume sind die baumförmigen Vertreter der Nadelgehölze (*Coniferae,* weltweit etwa 800 Arten) und gehören im System der Pflanzen zu den nacktsamigen Pflanzen *(Gymnospermae).* Gemeinsames Merkmal sind nackte, nicht von einem Fruchtknoten umschlossene Samenanlagen. Nadelbäume haben nadel- oder schuppenförmige Laubblätter, die, von wenigen Ausnahmen abgesehen (Lärche, Urwelt-Mammutbaum, Sumpfzypresse), mehrjährig (immergrün) sind.
Kein Nadelbaum, wohl aber ein Nacktsamer, ist der **Ginkgo** mit seinen eigenwilligen, fächerartigen Blättern.
Die weitaus artenreicheren **Laubbäume** gehören zu den bedecktsamigen Pflanzen *(Angiospermae).* Die Samenanlage ist nicht frei zugänglich, sondern von einem Fruchtknoten umschlossen.
Bäume bauen sich, wie alle Samenpflanzen, aus den drei Grundorganen **Wurzel, Sproßachse** und **Blätter** auf.

Die Sproß- oder Triebachse

Sie gliedert sich in **Knoten** *(Nodien),* an denen die Blätter entspringen, und Bereiche zwischen diesen Blattansatzstellen, den **Sproßabschnitten** *(Internodien).* Die beblätterte Sproßachse wird auch **Trieb** genannt. Bei Holzgewächsen verholzt die Sproßachse nach Abschluß des jährlichen Längenwachstums. Aus Knospen in den Achseln der Blätter bildet der Hauptsproß Seitensprosse, die sich ihrerseits weiter verzweigen. Dadurch kommt es zur Ausbildung eines **Sproßsystems.** Bei Bäumen, deren Sprosse durch **sekundäres Dickenwachstum** mit der Zeit ständig dicker werden, unterscheidet man dem Alter nach **Triebe, Zweige** und **Äste**. In ihrer Gesamtheit bilden sie die **Krone** des Baumes, die durch verschiedene Umwelteinflüsse Veränderungen des artspezifischen Aussehens erfahren kann. Vor allem bei vielen Laubbäumen löst sich der Stamm häufig in geringer Höhe über dem Boden in mehrere starke Äste auf, während er bei den meisten Nadelbäumen als führende Achse mit untergeordneten Ästen bis zum Baumwipfel reicht.
Kurztriebe sind gestauchte Seitensprosse mit stark verkürzten Sproßabschnitten. Ihr Längenwachstum beträgt pro Jahr nur wenige Millimeter. Nadeln und Blätter sind an ihnen rosettig oder büschelig angeordnet (Lärche, Kiefer). Bei manchen Baumarten (zum Beispiel Kirsch- oder Apfelbaum) finden sich Blüten und Früchte ausschließlich an solchen Kurztrieben. **Langtriebe** dagegen zeichnen sich durch deutlich gestreckte Sproßabschnitte aus.
Die **Rinde** des Baumes ist eine meist glatte Ummantelung des Holzkörpers an Stämmen, Ästen und Zweigen. Sie ist unterschiedlich dicht mit **Korkwarzen** *(Lentizellen)* besetzt. Diese porösen, warzenförmigen Stellen der Rinde dienen dem Gasaustausch. **Korkleisten** sind leisten- oder flügelartige Erhebungen der Rinde; deutlich ausgeprägt kann man sie an

Trieben des Feldahorns sehen. Mit zunehmendem Dickenwachstum wird an Stämmen und stärkeren Ästen die Rinde durch eine **Borke** ersetzt. Ihre Farbe, Dicke und Struktur sind ebenso wie der Zeitpunkt ihrer Bildung wichtige Erkennungsmerkmale. Manche Baumarten wie Rotbuche, Haselnuß oder Eberesche bilden keine oder nur ausnahmsweise Borke; sie behalten zeitlebens ihre glatte Rinde.

Das Blatt

Laubblätter (Nadeln und Blätter) sind meist flächig, mitunter auch nadelförmig ausgebildete, grüne Organe, die mit dem in ihnen enthaltenen Blattgrün *(Chlorophyll)* aus dem Kohlendioxid der Luft und aus Wasser mit Hilfe des Sonnenlichts Zucker herstellen.
Laubblätter sind an der Sproßachse in bestimmter Weise angeordnet. Man spricht von der **Blattstellung;** sie ist:
- **quirlig** oder **wirtelig** (Zeichnung), wenn mindestens drei Blätter an einem Knoten entspringen;
- **gegenständig** (Zeichnung), wenn zwei Blätter an einem Knoten einander gegenüber entspringen, somit auf gleicher Sproßhöhe immer zwei Blätter stehen;
- **wechselständig** (Zeichnung), wenn an einem Knoten jeweils nur ein Blatt steht;
- **gescheitelt** (Zeichnung), wenn Nadeln mehr oder weniger deutlich waagrecht in einer Ebene kammförmig von der Triebachse abstehen;
- **radial** (Zeichnung), wenn Nadeln gleichmäßig nach allen Seiten von der Triebachse abstehen.

quirlig gegenständig wechselständig gescheitelt radial

Gliederung des Blattes

Ein vollständiges Laubblatt besteht aus Blattspreite, Blattstiel und dem Blattgrund (Zeichnung). Der **Blattgrund** ist meist nur eine unscheinbare Verdickung an der Blattstielbasis.

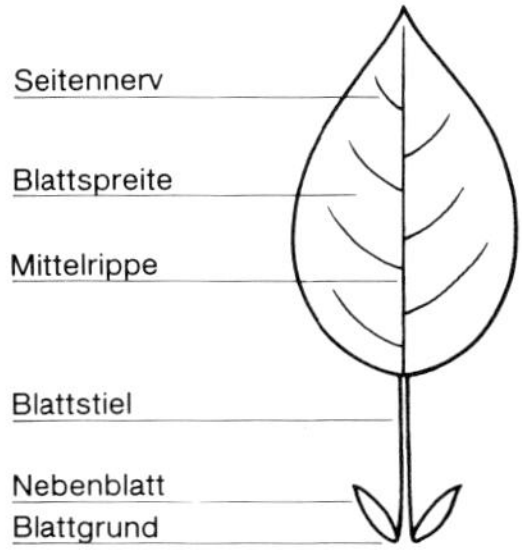

Nebenblätter sind in der Regel kleine, bei vielen Baumarten rasch abfallende, seitliche Anhängsel des Blattgrundes. Bei der Robinie sind sie zu Nebenblattdornen umgebildet.
Der **Blattstiel** ist mitunter sehr kurz oder kann ganz fehlen; die Blätter sind dann sitzend.
Große Vielfalt herrscht bei der Form der **Blattspreite.** Ist sie ungeteilt, so spricht man vom **einfachen Blatt.** Die Spreite des **Fiederblattes** besteht dagegen aus mehreren, voneinander getrennten, selb-

ständigen **Blättchen** (Fiedern), die einer gemeinsamen Blattspindel *(Rhachis)* entspringen. **Unpaarig gefiedert** (Zeichnung) ist ein Blatt mit mehreren Paaren von Blättchen und einem einzelnen Endblättchen. **Paarig gefiedert** (Zeichnung) ist ein Blatt ohne Endfieder. **Dreizählig gefiedert** (Zeichnung) ist ein Blatt mit einer Endfieder und einem Fiederpaar. Beim **mehrfach gefiederten** Blatt sind die Blättchen (Fiedern erster Ordnung) ihrerseits wieder gefiedert.

Der **Blattrand** (Rand der Blattspreite) kann verschieden gestaltet sein. Man unterscheidet: (Zeichnung)

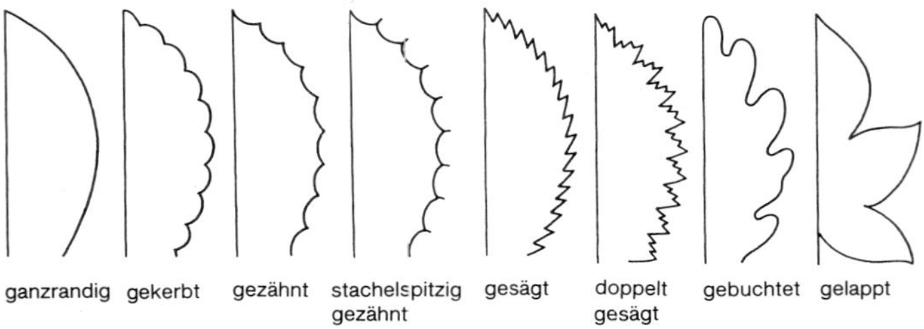

Adern oder **Nerven** des Blattes sind Leitbündel, die die Blattspreite durchziehen. Als **Mittelrippe** wird die in der Verlängerung des Blattstiels liegende Hauptader bezeichnet. Von ihr zweigen beim Blatt der Laubbäume in der Regel die **Seitennerven** ab.

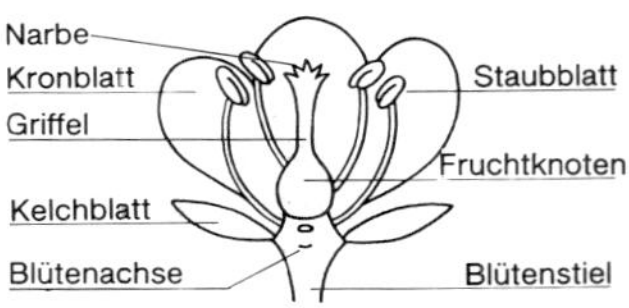

Die Blüte

Die Blüte ist ein Sproßabschnitt der Samenpflanzen, dessen Blätter für die geschlechtliche Fortpflanzung umgebildet sind. Die vollständige Blüte (Zeichnung) besteht aus den meist grünen **Kelchblättern,** den oft auffallend gefärbten **Kronblättern** sowie den **Staub-** und **Fruchtblättern.** Kelch- und Kronblätter bilden zusammen die **Blütenhülle.** Sie kann einfach (ohne Kelch) oder doppelt (mit Kelch) ausgebildet sein. Sind Kelch- und Kronblätter von gleichem Aussehen, spricht man von einem *Perigon.* Die Gesamtheit der Kronblätter bezeichnet man als **Krone,** die der Kelchblätter als **Kelch.** Kelch- und Kronblätter können jeweils untereinander ver-

wachsen sein, so daß es zur Bildung einer Kelch- bzw. Kronröhre kommt. Die meist in Vielzahl vorhandenen **Staubblätter** sind männliche Fortpflanzungsorgane, die aus dem dünnen Staubfaden und den Staubbeuteln, die den Pollen enthalten, bestehen. Die einzeln oder mehrfach vorhandenen **Fruchtblätter** tragen als weibliche Fortpflanzungsorgane die Samenanlagen. Bei nacktsamigen Pflanzen (Nadelbäume) sind sie flächig ausgebildet, bei bedecktsamigen Pflanzen (Laubbäume) bilden sie den **Stempel,** bestehend aus **Fruchtknoten, Griffel** und **Narbe** (Narben).
Bei Bäumen gibt es zahlreiche Abweichungen von dem hier beschriebenen Grundtyp der Blüte. Als Anpassung an Windblütigkeit (beim Großteil der Baumarten erfolgt die Bestäubung durch den Wind) kommen Blüten mit reduzierter oder fehlender Blütenhülle vor; letztere nennt man **nackte Blüten.**
Viele Bäume bilden, abweichend von der **zwittrigen Blüte** (mit Staub- und Fruchtblättern), **eingeschlechtige Blüten.** Männliche Blüten haben Staub- aber keine Fruchtblätter; weibliche Blüten dagegen besitzen Frucht- aber keine Staubblätter. **Einhäusig verteilt** sind Blüten (oder die Pflanze ist einhäusig), wenn auf einem Baum sowohl männliche wie weibliche Blüten vorkommen. **Zweihäusig verteilt** sind Blüten (oder die Pflanze ist zweihäusig), wenn ein Baum ausschließlich männliche oder weibliche Blüten trägt.
Nur selten stehen Blüten einzeln am Sproß. Meist bilden sie **Blütenstände.** Man unterscheidet:

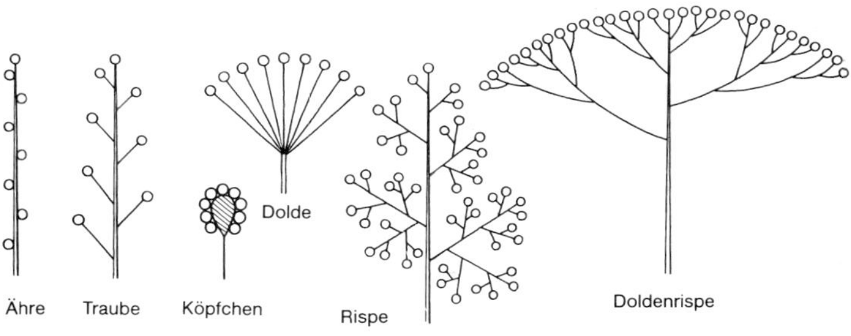

Kätzchen sind meist hängende, ährige oder traubige Blütenstände mit unscheinbaren Blüten; nach der Blüte fällt das Kätzchen als ganzes ab. **Zäpfchen** sind die weiblichen Blütenstände (Ähren) der Erlen und meisten Nadelbäume, die bei der Reife verholzen. Nadelbäume bilden keine Frucht. Ihr **Zapfen** zeigt folgenden Aufbau:
An einer Zapfenspindel sitzen blattartige **Zapfenschuppen,** die zur Reifezeit verholzen. Man unterscheidet Deck- und Samenschuppen (Fruchtschuppen). Deckschuppen sind die zur Blütezeit gut sichtbaren, schuppenförmigen Blättchen, in deren Achseln die Samenschuppen stehen. Diese tragen frei zugänglich die Samenanlagen. Bei einigen Nadelbaumgattungen (Tanne, Douglasie) ragt die Deckschuppe auch an reifen Zapfen zwischen den Samenschuppen hervor. Bei anderen Gattungen sind sie dagegen im reifen Zustand nicht sichtbar (Fichte).

Die Frucht

Frucht ist die Blüte im Zustand der Samenreife. In der Regel entsteht sie nach der Befruchtung aus dem Fruchtknoten, der aus einem oder mehreren Fruchtblättern gebildet sein kann. Das Gewebe des Fruchtknotens wird dabei zur **Fruchthülle** *(Perikarp)*, die den oder die Samen umschließt. Daneben gibt es Früchte, bei denen außer dem Fruchtknoten noch andere Blütenteile in die Fruchtbildung einbezogen sind, weswegen sie gelegentlich auch als Scheinfrüchte bezeichnet werden. Hierzu gehört die **Apfelfrucht** mancher Rosengewächse. Kennzeichnend für diese Form ist, daß das die Samen einschließende Kernhaus (Apfelbaum) oder die Steinkerne (Weißdorn) von einem Fruchtfleisch umgeben werden, das sich aus der Blütenachse entwickelt hat. Andere häufige Fruchtformen sind:

Hülse: meist länglich, gebildet aus einem, zur Reifezeit trockenhäutigen Fruchtblatt; springt an Bauch- und Rückennaht gleichzeitig auf (Robinie).

Kapsel: gebildet aus mehreren, zur Reifezeit trockenhäutigen Fruchtblättern, meist vielsamig (Paulownie).

Nuß: Fruchthülle wird reif ein hartes, dickwandiges Gehäuse (Stieleiche).

Steinfrucht: Fruchthülle baut sich aus dem inneren, harten, verholzten Steinkern und einer äußeren, entweder saftig-fleischigen (Vogelkirsche) oder ledrigen Schale (Walnußbaum) auf.

Analog den Blütenständen stehen auch die Früchte meist in **Fruchtständen.**

Zur Benennung (Nomenklatur) der Pflanzen

Die wissenschaftliche Benennung der Pflanzenarten besteht aus zwei lateinischen Namen. Der erste kennzeichnet dabei die Gattung, eine der Art übergeordnete, systematische Einheit; der zweite ist der Artname. Dahinter steht der Name (oft in abgekürzter Schreibweise) des Botanikers, der als erster den Nomenklaturregeln entsprechend die Art beschrieben hat.

Baumkrankheiten – Waldkrankheiten

Wer sich mit Bäumen befassen will, möchte natürlich auch etwas über deren Krankheiten wissen. Manche Erkrankungen verringern nur den Zierwert, andere zerstören Blüten oder Früchte und einige wiederum bedrohen das Leben des Baumes von Grund auf.

Auch innerhalb natürlich gewachsener Wälder treten Krankheiten auf. In den meisten Fällen werden die erkrankten Bäume von den Nachbarn überwachsen, unbemerkt und ohne nachteilige Wirkungen auf die gesunden Bäume.

Anders ist es, wenn es sich bei den Ursachen um aggressive, hochinfektiöse Erreger handelt, die sich unter für sie günstigen Klimabedingungen immens vermehren, um dann viele Individuen gleichzeitig zu infizieren. Auf diese Weise entstehen Waldkrankheiten. Sie können ganze Bestände, selbst Wälder in ihrer Gesamtheit gefährden und dadurch zeitweise die ökologische Situation einer Region erheblich verändern. Als Beispiele für

derartige Schaderreger können die **Kiefernschütte** *(Lophodermium seditiosum)*, eine Pilzkrankheit oder der **Buchdrucker,** ein Borkenkäfer angeführt werden.
Große Gefahren sind für den Wald stets entstanden, wenn pilzliche oder tierische Schädlinge durch den Menschen in andere Erdteile transportiert wurden und dort in Wälder gelangten, die mit diesen Erregern noch nie in Berührung gekommen waren. Das **Ulmensterben** ist dafür beispielhaft. Der aus Ostasien stammende Erreger *(Ceratocystis ulmi)* gelangte während des Ersten Weltkrieges nach Europa und dezimierte in kurzer Zeit hier die natürlichen Bestände der Berg- und Feldulme. Dann wurde er mit Ulmen-Stammholz per Schiff nach Amerika eingeschleppt, wo er seither die amerikanischen Ulmen heimsucht. Eine ähnliche Odyssee legten der Erreger des Kastaniensterbens *(Endothia parasitica)* und ein Pilz *(Cronartium ribicola)*, der inzwischen nahezu weltweit den **Strobenrost** an fünfnadeligen Kiefern auslöst, zurück. Die wirtschaftlichen Verluste infolge dieser Epidemien waren beträchtlich und erfolgversprechende Bekämpfungsmaßnahmen sind bisher noch nicht gefunden. Der Schaden konzentrierte sich dabei jedoch immer nur auf einzelne Arten oder Artengruppen. Eine existentielle Bedrohung für den Wald bedeuteten diese krankhaften Erscheinungen hingegen nicht.
Erst in den letzten Jahren sind wir mit einem Krankheitsbild konfrontiert, das den Bestand des Waldes schlechthin gefährdet. Das sogenannte Waldsterben breitete sich innerhalb weniger Jahre über weite Teile Europas und in letzter Zeit auch in Nordamerika und Asien aus und erfaßte alle unsere Holzarten. Von diesen Schäden sind mittlerweile Nadel- und Laubbäume gleichermaßen erfaßt. Ursachen und Krankheitsverlauf sind bislang nicht endgültig geklärt, doch ist man sich einig, daß Luftverschmutzungen eine wesentliche Ursache des Waldsterbens sind. So wird dem Schwefeldioxid und den Stickoxiden – sie entstehen bei der Verbrennung fossiler Energieträger – sowie deren Umwandlungsprodukten in der Luft, häufig eine Schlüsselrolle zugeteilt. Sie schädigen Blätter und Nadeln entweder direkt oder indirekt über den »Sauren Regen«, der zur Versauerung unserer Waldböden führt, wodurch es zur Auswaschung von Nährstoffen und zur Freisetzung pflanzengiftiger Aluminium-Ionen kommt.
Zu bedenken bleibt aber immer, daß neben diesen vieldiskutierten Schadstoffen unsere Luft eine Unmenge anderer Verunreinigungen enthält, deren Einfluß auf Pflanzen, aber auch auf Tier und Mensch bislang nicht oder nur unzureichend erforscht ist. Vordringliche Maßnahme gegen das Waldsterben ist somit die Reduzierung der Luftverschmutzung, wie dies unter anderem durch Entschwefelung von Kohlekraftwerken oder durch Abgaskatalysatoren in Autos erreichbar ist.

Rinden Nadelbäume (Seite 8–44)

Weißtanne (S. 8)

Nordmannstanne (S. 10)

Große Küstentanne (S. 12)

Koloradotanne (S. 14)

Douglasie (S. 18)

Kanadische Hemlocktanne (S. 20)

Westliche Hemlocktanne (S. 20)

Gemeine Fichte (S. 22)

Omorikafichte (S. 26)

Mammutbaum (S. 30)

Japanische Sicheltanne (S. 30)

Sumpfzypresse (S. 32)

Urwelt-Mammutbaum (S. 34)

Eibe (S. 40)

Europäische Lärche (S. 42)

Japanische Lärche (S. 44)

Rinden Nadelbäume (Seite 46–76)

Atlaszeder (S. 46)

Libanonzeder (S. 48)

Himalajazeder (S. 48)

Waldkiefer (S. 50)

Schwarzkiefer (S. 54)

Pinie (S. 56)

Strandkiefer (S. 58)

Aleppokiefer (S. 58)

Gelbkiefer (S. 60)

Weymouthskiefer (S. 64)

Tränenkiefer (S. 66)

Lawsons Scheinzypresse (S. 70)

Nootka-Scheinzypresse (S. 72)

Abendländischer Lebensbaum (S. 74)

Riesenlebensbaum (S. 76)

Hiba-Lebensbaum (S. 76)

Rinden Laubbäume (Seite 78–112)

Walnußbaum (S. 78)

Schwarznußbaum (S. 80)

Kaukasische Flügelnuß (S. 82)

Götterbaum (S. 82)

Eberesche (S. 84)

Speierling (S. 86)

Gemeiner Goldregen (S. 88)

Robinie (S. 90)

Gleditschie (S. 92)

Gemeine Roßkastanie (S. 98)

Gewöhnliche Esche (S. 100)

Blumenesche (S. 102)

Schwarzer Holunder (S. 104)

Bergahorn (S. 106)

Feldahorn (S. 110)

Zuckerahorn (S. 112)

Rinden Laubbäume (Seite 116–154)

Fächerahorn (S. 116)

Kreuzdorn (S. 118)

Paulownie (S. 124)

Ginkgo (S. 128)

Schwarzpappel (S. 130)

Zitterpappel (S. 134)

Graupappel (S. 136)

Silberweide (S. 140)

Reifweide (S. 146)

Hängebirke (S. 148)

Moorbirke (S. 150)

Schwarzbirke (S. 152)

Zuckerbirke (S. 152)

Maximowicz-Birke (S. 154)

Ermans-Birke (S. 154)

Rote China-Birke (S. 154)

Rinden Laubbäume (Seite 156–204)

Schwarzerle (S. 156)

Grauerle (S. 158)

Hainbuche (S. 160)

Hopfenbuche (S. 162)

Haselnuß (S. 164)

Rotbuche (S. 166)

Edelkastanie (S. 170)

Stieleiche (S. 174)

Flaumeiche (S. 176)

Zerreiche (S. 178)

Korkeiche (S. 180)

Roteiche (S. 184)

Flatterulme (S. 192)

Schwarzer Maulbeerbaum (S. 196)

Tulpenmagnolie (S. 200)

Tulpenbaum (S. 204)

Rinden Laubbäume (Seite 206–238)

Erdbeerbaum (S. 206)

Ahornblättrige Platane (S. 208)

Eingriffeliger Weißdorn (S. 210)

Quitte (S. 212)

Holzbirne (S. 214)

Elsbeere (S. 218)

Mehlbeere (S. 220)

Vogelkirsche (S. 222)

Traubenkirsche (S. 224)

Spätblühende Traubenkirsche (S. 224)

Judasbaum (S. 226)

Stechpalme (S. 230)

Winterlinde (S. 232)

Silberlinde (S. 234)

Sanddorn (S. 236)

Blaugummibaum (S. 238)

Arten-Register

Die Fotografen:
Die Farbfotos stammen von Andreas Riedmiller, mit Ausnahme von:
Aas: 50, 95 unten, 142 rechts oben; Kalt: 75 oben, 215 unten; Pott: 229 oben; Reinhard: 199 unten, 237; Schacht: 229 unten; Scherz: 43 unten, 69 unten, 94 rechts oben, 95 oben, 104 rechts unten, 169 oben, 171 unten; Schimmitat/Angerer: 122 rechts oben; Silvestris/Albinger: U1; Zauner: 128 links unten, 144 rechte Spalte rechts, 164 rechts unten, 183, 187; Zettl: 192 rechts unten.

Inhaltlich unveränderte Ausgabe der 9. Auflage.

Lektorat: Ursula Kopp
Herstellung: Manfred Lüer
Produktion: Helmut Giersberg
Zeichnungen: Heinz Bogner
Druck und Bindung: Printer Trento, Italien

ISBN 3-7742-4058-2

Auflage	4.	3.	2.
Jahr	01	00	99

Silhouetten Laubbäume

Bergahorn

Bergulme

Apfel

Birne

Vogelbeere

Linde

Roßkastanie